CARTOGRAFIA
nova edição **básica**

PAULO ROBERTO FITZ

CARTOGRAFIA
nova edição
básica

Paulo Roberto Fitz

© Copyright 2008 Oficina de Textos
1ª reimpressão 2010 | 2ª reimpressão 2012 | 3ª reimpressão 2014
4ª reimpressão 2017

Grafia atualizada conforme o Acordo Ortográfico da Língua Portuguesa de 1990, em vigor no Brasil desde 2009

Conselho editorial Arthur Pinto Chaves; Cylon Gonçalves da Silva;
Doris C. C. K. Kowaltowski; José Galizia Tundisi;
Luis Enrique Sánchez; Paulo Helene; Rozely Ferreira dos Santos;
Teresa Gallotti Florenzano

Capa Malu Vallim
Projeto gráfico, preparação de imagens e diagramação Douglas da Rocha Yoshida
Revisão de textos Gerson Silva e Thirza Bueno Rodrigues

Dados Internacionais de Catalogação na Publicação (CIP)
(Câmara Brasileira do Livro, SP, Brasil)

Fitz, Paulo Roberto
Cartografia básica/Paulo Roberto Fitz. -- São Paulo:
Oficina de Textos, 2008.

Bibliografia.
ISBN 978-85-86238-76-5

1. Cartografia 2. Fotogrametria aérea I. Título.

08-05805   CDD-526

Índices para catálogo sistemático:
1. Cartografia básica   526

Todos os direitos reservados à **Oficina de Textos**
Rua Cubatão, 798
CEP 04013-003 São Paulo-SP – Brasil
tel. (11) 3085 7933
site: www.ofitexto.com.br e-mail: atend@ofitexto.com.br

Apresentação

O uso de mapas e imagens de satélite é cada vez mais frequente no nosso dia a dia. A sua correta interpretação, no entanto, exige o domínio de conceitos básicos nem sempre acessíveis na literatura disponível em língua portuguesa.

A experiência de Paulo Roberto Fitz como geógrafo em equipes multidisciplinares e como professor dos ensinos médio e superior vem à tona no presente livro. Ele busca tratar os assuntos de modo acessível tanto aos professores quanto aos profissionais técnicos, cobrindo um espectro adequado de temas com a dose de profundidade pertinente aos propósitos de uma Cartografia Básica.

Ênfase é dada aos conceitos fundamentais de Cartografia, abordando sistemas de coordenadas e escala, introduzindo também o uso do GPS na obtenção de informação cartográfica. Também aborda fontes de dados como as fotografias aéreas e as imagens de satélite, cada vez mais utilizadas na atualização e geração de novos mapas temáticos. Outro tópico fundamental é o manuseio das cartas topográficas do mapeamento sistemático brasileiro. Essas informações cartográficas estão disponíveis há décadas, mas, infelizmente, têm sido pouco utilizadas, às vezes, por desconhecimento, outras vezes, por carência de informações básicas de como extrair dados com maior eficiência. Todos os temas estão adequadamente ilustrados com figuras simples e objetivas. Por tratar-se de bibliografia introdutória, foi muito prática a inclusão da correspondência de unidades de medida no sistema métrico decimal, bem como das relações entre unidades do sistema métrico decimal com aquelas do sistema inglês.

Trata-se de uma bibliografia fundamental, tanto pela contribuição conceitual quanto pelas aplicações que o autor introduz.

Prof. Heinrich Hasenack

Centro de Ecologia – UFRGS
Centro de Recursos Idrisi para
os países de língua portuguesa
Curso de Geografia – Unilasalle

Prefácio

Após o esgotamento da segunda edição, estamos lançando uma nova proposta, agora em parceria com a Oficina de Textos. Com um conceito mais moderno e uma diagramação mais elaborada, esta edição destaca-se por uma melhor comunicação com o leitor.

A obra em si apresenta pequenos ajustes a partir da disposição organizacional das antecedentes. A alteração mais significativa diz respeito à inclusão de procedimentos para a confecção de pirâmides etárias.

Os assuntos são abordados conforme os seguintes capítulos:

1. *Evolução dos sistemas geodésicos*, no qual são apresentadas algumas considerações sobre a evolução da cartografia ao longo dos tempos, bem como alguns conceitos relativos ao assunto;
2. *Escalas*, em que se apresentam exemplos e exercícios resolvidos envolvendo as mais diversas utilizações;
3. *Cartas, mapas e plantas*, no qual são abordadas as suas principais características e aplicações;
4. *A representação cartográfica*, em que se trabalham questões como orientação, forma da Terra e projeções cartográficas;
5. *Cartografia temática*, porção de fundamental importância para o profissional geógrafo, em função de sua aplicabilidade, na qual se destacam os elementos necessários para a confecção de um mapa temático;
6. *Localização de pontos*, com a apresentação dos conceitos de meridianos e paralelos, bem como de latitudes e longitudes, aplicações práticas, com exemplos de cálculos e, finalmente, o princípio de obtenção de coordenadas em campo, inclusive com o uso de GPS;
7. *Fusos horários*, tomado como capítulo específico em função de sua utilização, principalmente por professores em sala de aula;
8. *Uso prático de cartas topográficas*, de particular interesse para quem trabalha com esse material, pois são mostradas diversas aplicações e exemplos de como se traça e se localiza uma bacia hidrográfica em uma carta, como são realizadas medições diversas e como são confeccionados perfis topográficos e mapas de declividades;
9. *Cartografia assistida por computador (CAC) e cartografia automática*, no qual são apresentados alguns conceitos relacionados, bem como a estrutura de entrada dos dados para serem utilizados no computador e sua importância para um possível aproveitamento em Sistemas de Informações Geográficas (SIGs);
10. *Aerofotogrametria e sensoriamento remoto*, que apresenta uma visão geral dos assuntos, com exercícios resolvidos relacionados a aerofotos e exemplos de tratamento de imagens digitais;

11.*Gráficos e diagramas*, a porção final do livro, que busca elucidar os principais problemas verificados quando da confecção de gráficos e diagramas, temas bastante utilizados pelos diversos profissionais, muitas vezes de forma não adequada.

Sempre que possível, procurou-se aproximar os conteúdos apresentados com o uso dos SIGs e com a técnica do geoprocessamento.

Paulo Roberto Fitz
Maio de 2008

Sumário

1 Evolução dos Sistemas Geodésicos 13
    1.1 Sistema Geodésico Brasileiro 16
        1.1.1 SAD-69 17
        1.1.2 Sirgas 18
2 Escalas 19
    2.1 Escala numérica 19
    2.2 Escala gráfica 20
    2.3 Escala nominal 20
    2.4 Utilização prática 21
    2.5 Escolha da escala 24
        2.5.1 Conversão de unidades 25
    2.6 Erros em Cartografia 25
3 Cartas, Mapas e Plantas 27
    3.1 Classificação 28
        3.1.1 Classificação de acordo com os objetivos 28
        3.1.2 Classificação de acordo com a escala 29
    3.2 Carta Internacional do Mundo ao Milionésimo (CIM) 30
        3.2.1 Desdobramento da CIM 31
    3.3 Croquis 33
4 A Representação Cartográfica 34
    4.1 Orientação 34
    4.2 Direção norte e ângulos notórios 36
    4.3 Rumos e azimutes 38
    4.4 A representação cartográfica e a forma da Terra 40
    4.5 Construção de um globo 41
    4.6 Projeções cartográficas 41
        4.6.1 Classificação das projeções 43
        4.6.2 Exemplos de projeções 47
5 Cartografia Temática 48
    5.1 Mapas temáticos 48
        5.1.1 Elementos constituintes de um mapa temático 48
        5.1.2 Uso de legendas e convenções 50
        5.1.3 A qualidade das informações 50
        5.1.4 A representação temática: o uso de convenções 51
        5.1.5 Fonte da informação e suas referências 53

    5.1.6 Sistema de projeção e escala 54
  5.2 Estrutura dimensional 54
  5.3 Altimetria 55
  5.4 Construção de mapas temáticos 55
    5.4.1 Mapas zonais 57
    5.4.2 Mapas de pontos 57
    5.4.3 Mapas de círculos 59
    5.4.4 Mapas de isolinhas 61
    5.4.5 Mapas de fluxo 63
6 Localização de Pontos 65
  6.1 Meridianos e paralelos 66
  6.2 Latitude e longitude 66
  6.3 Sistemas de coordenadas 67
    6.3.1 Sistema de coordenadas geográficas 67
    6.3.2 Sistema Universal Transversal de Mercator (UTM) 69
  6.4 Localização de pontos em um mapa 70
    6.4.1 Cálculo das coordenadas geográficas 70
    6.4.2 Cálculo das coordenadas UTM 73
  6.5 Obtenção das coordenadas em campo 74
    6.5.1 Levantamentos topográficos 74
    6.5.2 Sistemas de posicionamento por satélite 75
7 Fusos Horários 79
  7.1 Hora local, hora legal e hora de aproveitamento da luz diurna 79
  7.2 Meridiano Internacional de Origem e Linha Internacional
      de Mudança de Data 80
8 Uso Prático de Cartas Topográficas 86
  8.1 Delimitação de uma bacia hidrográfica 87
  8.2 Localização de uma bacia hidrográfica 91
  8.3 Medições em cartas topográficas impressas 91
    8.3.1 Distâncias em linha reta 91
    8.3.2 Distâncias em linhas irregulares 93
    8.3.3 Cálculos de áreas 94
  8.4 Perfil topográfico 96
  8.5 Mapas de declividades 97
9 Cartografia Assistida por Computador (CAC) e Cartografia Automática 99

9.1 Entrada e estrutura dos dados 100
9.2 Resolução de imagens *raster* 102
9.3 Digitalização e vetorização de imagens *raster* 104
    9.3.1 Digitalização de imagens 104
    9.3.2 Vetorização de imagens *raster* 106
9.4 Atualidade da CAC 106
9.5 Cartografia e geoprocessamento 107
10 Aerofotogrametria e Sensoriamento Remoto 109
    10.1 Tipos de sensores 109
    10.2 Sensoriamento remoto e aerofotogrametria 110
        10.2.1 Operações em aerofotogrametria (etapas a serem cumpridas) 112
        10.2.2 Voo aerofotogramétrico 113
        10.2.3 Geometria da aerofoto vertical 113
        10.2.4 Estereoscopia 119
        10.2.5 A interpretação de imagens 122
11 Gráficos e Diagramas 130
    11.1 Regras para a representação gráfica 130
    11.2 Bases para a representação gráfica 131
    11.3 O uso adequado de gráficos e diagramas 133
        11.3.1 Diagramas lineares ou gráficos em curva 133
        11.3.2 Gráficos em barras ou colunas 134
        11.3.3 Gráficos em setores 135
        11.3.4 Gráficos direcionais 137
        11.3.5 Gráficos piramidais 137
        11.3.6 Diagrama climático 138
        11.3.7 Pirâmide etária 139
Bibliografia 142

Evolução dos Sistemas Geodésicos 1

As conquistas tecnológicas das últimas décadas vêm desvendando cada vez mais antigos enigmas que perduraram durante séculos.

A corrida espacial disputada pelas duas superpotências então existentes no decorrer da chamada Guerra Fria, Estados Unidos e ex-União Soviética, trouxe à tona evidências de muitos mistérios que povoaram a mente dos homens no decorrer de milênios.

Entretanto, por mais incrível que possa parecer, ainda hoje há quem acredite que o homem não tenha pisado na Lua. Possivelmente, na época de Cabral e de Colombo, muitos não acreditaram nas narrativas dos navegadores.

Os avanços tecnológicos constituídos ao longo dos tempos acabaram por proporcionar a superação de quaisquer dessas desconfianças e, possivelmente, o futuro nos reservará ainda mais surpresas.

A forma do Planeta que habitamos, atualmente de compreensão um tanto óbvia, em função das imagens de satélites disponibilizadas em nosso dia a dia pelos meios de comunicação, foi motivo de violentas execuções num passado nem tão distante.

Desde a época do apogeu da antiga Grécia, muitos pensadores já acreditavam que a Terra possuía uma superfície esférica e buscavam encontrar formas de calcular sua circunferência.

No entanto, somente por volta do ano 200 a.C., Eratóstenes, responsável pela famosa Biblioteca de Alexandria, conseguiu calculá-la com relativa precisão. O sábio grego percebeu que, no dia do solstício de verão para o Hemisfério Norte, ao meio-dia, em Siena, cidade localizada nas proximidades do rio Nilo, os raios do Sol iluminavam todo o fundo de um poço vertical. Nessa mesma data, em Alexandria, cidade localizada mais ao norte, ele observou que os raios solares estavam inclinados em relação à vertical, uma vez que não incidiam diretamente no fundo de outro poço como ocorrera em Siena.

Eratóstenes realizou, então, um experimento. Colocando uma estaca vertical ao terreno em Siena e outra em Alexandria, observou que, ao meio-dia de 21 de junho, enquanto a estaca colocada em Siena não apresentava sombra, a de Alexandria apresentava uma sombra no terreno. Verificou ainda que, em Alexandria, essa sombra projetada apresentava os raios solares com uma inclinação, em relação à estaca vertical, de aproximadamente 1/50 de circunferência, ou seja, 7°12'.

Dando continuidade ao seu trabalho e não dispondo, na época, de instrumentalização adequada, estimou a distância entre as cidades, com base em informes, em 5.000 estádios, o que equivale a, aproximadamente, 925.000 m (1 estádio $\cong$ 185 m).

A partir desses dados, torna-se relativamente simples a realização do cálculo da circunferência, pois:

- se a distância entre as duas cidades é de 5.000 estádios;
- se a inclinação dos raios solares é de 7°12',

então:

7°12' → 5.000 estádios;

360° → x; e, finalmente, x = 250.000 estádios, ou seja, cerca de 46.250.000 m (bastante próximo dos cerca de 41.700 km reais). Segundo o Elipsoide Internacional de Referência, a medida é de 41.761.478,94 m (Oliveira, 1993).

O pequeno erro cometido, de cerca de 10%, deveu-se principalmente a dois fatores:

- Siena não estava localizada sobre o mesmo meridiano que Alexandria;
- a distância real entre as duas cidades era de cerca de 4.500 estádios (pouco mais de 830 km).

A Fig. 1.1 apresenta um esquema do método utilizado por Eratóstenes.

1 Evolução dos Sistemas Geodésicos

Mais tarde, já na Idade Média, a Cartografia experimentou, assim como toda a ciência, um enorme retrocesso. Chegou-se a imaginar que a Terra teria a forma de um disco plano com abismos e monstros marinhos ao seu final, conforme apresentam diversos mapas e figuras da época.

A partir de algumas observações feitas pelos antigos navegadores, as questões apresentadas pelos gregos foram novamente sendo retomadas, e a esfericidade terrestre voltou a ocupar seu lugar nas discussões científicas. As percepções de que um navio parece perder suas partes ao afastar-se no horizonte; de que a Estrela Polar, aparentemente, move-se em relação ao observador conforme ele vai se deslocando no sentido norte-sul, ou ainda, a da projeção da sombra da Terra na Lua no decorrer dos eclipses, entre outras, trouxeram à tona essas velhas questões.

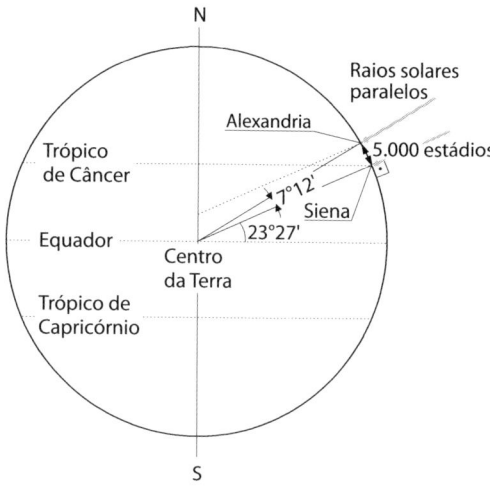

Fig. 1.1 *Esquema do método utilizado por Eratóstenes para o cálculo da circunferência da Terra*

Posteriormente, já no século XVII, em um experimento do astrônomo francês Jean Richer, foi verificado em Caiena, na Guiana Francesa, próximo ao Equador, que um relógio com um pêndulo de 1 m atrasava cerca de dois minutos e meio por dia em relação à mesma situação verificada na cidade de Paris. Utilizando o princípio da Gravitação Universal de Newton, o estudioso pôde estabelecer uma relação entre as diferentes gravidades experimentadas nas proximidades do Equador e em Paris. A situação observada, do atraso no pêndulo, levou-o à conclusão de que, na zona equatorial, a distância entre a superfície e o centro da Terra deveria ser maior do que essa distância quando mensurada na proximidade dos polos, ou seja, de que o Planeta não seria uma esfera perfeita, e, sim, "achatada". Surgia, então, a ideia da forma de um elipsoide (figura matemática cuja superfície é gerada pela rotação de uma elipse em torno de um de seus eixos) para o Globo.

As diferenças entre as dimensões dos diâmetros equatorial e do eixo de rotação não são, porém, tão significativas, apresentando cerca de 12.756 km e 12.714 km, respectivamente. A disparidade encontrada, de aproximadamente 42 km entre as medidas, representa um "achatamento" de perto de 1/300, mostrando que, vista do espaço, a Terra apresenta-se como uma esfera quase perfeita.

Outro termo para a forma da Terra comumente utilizado nos meios acadêmicos é o do GEOIDE, a figura que mais se aproxima da verdadeira forma terrestre.

Pode-se definir, de maneira bastante simplificada, que o GEOIDE seria uma superfície coincidente com o nível médio e inalterado dos mares e gerada por um conjunto infinito de pontos, cuja medida do potencial do campo gravitacional da Terra é constante e com direção exatamente perpendicular a esta.

Em razão das propriedades apresentadas, o ELIPSOIDE DE REVOLUÇÃO traduz-se como a figura matemática que mais se aproxima da forma do GEOIDE. Assim, o ELIPSOIDE DE REVOLUÇÃO é a superfície mais utilizada pela ciência geodésica para a realização de seus levantamentos.

A Fig. 1.2 mostra uma comparação entre as diversas formas de representação do Planeta.

Para que se possa estabelecer uma relação entre um ponto determinado do terreno e um elipsoide de referência, deve-se possuir um sistema específico que faça esse relacionamento. Os SISTEMAS GEODÉSICOS DE REFERÊNCIA realizam essa função.

1.1 Sistema Geodésico Brasileiro

O Sistema Geodésico Brasileiro (SGB) é composto por redes de altimetria, gravimetria e planimetria.

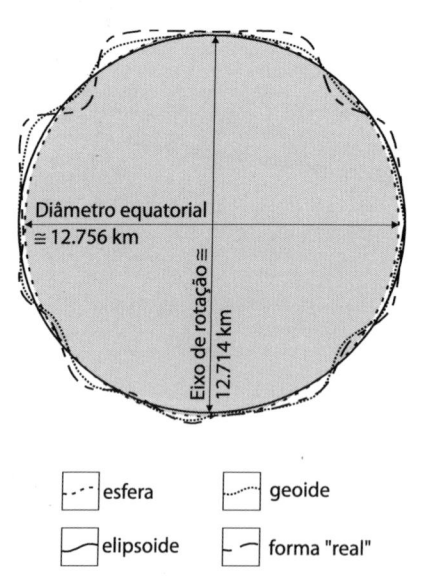

Fig. 1.2 *Formas de representação da Terra*

1 Evolução dos Sistemas Geodésicos

O REFERENCIAL DE ALTIMETRIA vincula-se ao GEOIDE, descrito anteriormente como uma superfície equipotencial do campo gravimétrico da Terra, coincidente com o marco "zero" do Marégrafo de Imbituba, localizado no Estado de Santa Catarina. O REFERENCIAL DE GRAVIMETRIA está vinculado a milhares de estações distribuídas sobre o território nacional, que recolhem dados acerca da aceleração da gravidade. Finalmente, a definição da superfície, origem e orientação do sistema de coordenadas usado para mapeamento e georreferenciamento no território brasileiro é dada pelo REFERENCIAL DE PLANIMETRIA, representado ainda hoje pelo SAD-69, mas em processo de alteração.

1.1.1 SAD-69

Como já foi salientado, no Brasil, atualmente, é utilizado o Sistema Geodésico Brasileiro. Esse sistema faz parte do Sistema Geodésico Sul-Americano de 1969, conhecido como SAD-69, que apresenta dois parâmetros principais: a figura geométrica representativa da Terra (o elipsoide de referência) e sua orientação (a localização espacial do ponto de origem – base – do sistema):

Figura da Terra:
- Elipsoide Internacional de 1967, com:
  - a (semieixo maior) = 6.378.160,00 m;
  - b (semieixo menor) = 6.356.774,72 m;
  - α (achatamento = (a-b)/a) = 1/298,25.

Orientação:
- Geocêntrica: dada pelo eixo de rotação paralelo ao eixo de rotação da Terra e com o plano meridiano de origem paralelo ao plano do meridiano de Greenwich, conforme o Serviço Internacional da Hora (BIH – Bureau International de L'Heure).
- Topocêntrica: no vértice de Chuá, da cadeia de triangulação do paralelo 20° S, com as seguintes coordenadas:
  - φ (latitude) = 19°45'41,6527" S
  - λ (longitude) = 48°06'04,0639" WGr
  - N (altitude) = 0,0 m

1.1.2 Sirgas

O Sistema de Referência Geocêntrico para as Américas (Sirgas) encontra-se em implantação e está sendo utilizado concomitantemente com o SAD-69.

O Sirgas foi concebido em função das necessidades de adoção de um sistema de referência compatível com as técnicas de posicionamento global, dadas por sistemas dessa natureza como o GPS. Amplamente discutido no meio cartográfico latino-americano, ele está programado para substituir o SAD-69 até 2015. Esse sistema leva em consideração os seguintes parâmetros:

Sistema de Referência:

- INTERNATIONAL TERRESTRIAL REFERENCE SYSTEM (ITRS) – Sistema Internacional de Referência Terrestre;
- ELIPSOIDE DE REFERÊNCIA: Geodetic Reference System 1980 (GRS-80) – Sistema Geodésico de Referência de 1980, com:
  - raio equatorial da Terra: a = 6.378.137 m
  - semieixo menor (raio polar): b = 6.356.752,3141 m
  - α (achatamento) = 1/298,257222101

ESCALAS 2

A Cartografia, através dos tempos, foi experimentando diferentes utilizações em função de suas diversas aplicabilidades.

Conforme o nível de exigência aumentava, cada vez mais necessitava-se de elementos que pudessem ser extraídos dos mapas com precisões adequadas aos interesses dos usuários. Assim, por exemplo, a precisão e o detalhamento dos mapas que foram sendo aprimorados a partir do século XVII serviram para aumentar o poder de domínio dos países colonizadores.

Entre os diversos componentes de um mapa, um dos elementos fundamentais para o seu bom entendimento e uso eficaz é a escala.

Pode-se definir ESCALA como a relação ou proporção existente entre as distâncias lineares representadas em um mapa e aquelas existentes no terreno, ou seja, na superfície real.

Em geral, as escalas são apresentadas em mapas nas formas numérica, gráfica ou nominal.

2.1 ESCALA NUMÉRICA

A ESCALA NUMÉRICA é representada por uma fração em que o numerador é sempre a unidade, designando a distância medida no mapa, e o denominador representa a distância correspondente no terreno.

Essa forma de representação é a maneira mais utilizada em mapas impressos.

Exemplos:
 1:50.000
 1/50.000

Em ambos os casos, a leitura é feita da seguinte forma: A ESCALA É DE UM PARA CINQUENTA MIL, ou seja, cada unidade medida no mapa corresponde

a cinquenta mil unidades, na realidade. Assim, por exemplo, cada centímetro representado no mapa corresponderá, no terreno, a cinquenta mil centímetros, ou seja, quinhentos metros.

2.2 Escala gráfica

A ESCALA GRÁFICA é representada por uma linha ou barra (régua) graduada, contendo subdivisões denominadas TALÕES. Cada talão apresenta a relação de seu comprimento com o valor correspondente no terreno, indicado sob forma numérica, na sua parte inferior. O talão, preferencialmente, deve ser expresso por um valor inteiro.

Normalmente utilizada em mapas digitais, a escala gráfica consta de duas porções: a PRINCIPAL, desenhada do zero para a direita, e a FRACIONÁRIA, do zero para a esquerda, que corresponde ao talão da fração principal subdividido em dez partes.

A aplicação prática dessa maneira de representação ocorre de forma direta, bastando utilizá-la como uma régua comum. Para isso, basta copiá-la num pedaço de papel, a fim de relacionar as distâncias existentes no mapa e na realidade.

Exemplo:

1.000　　　　0　　　　1.000　　　2.000　　　3.000　　　4.000 m

2.3 Escala nominal

A ESCALA NOMINAL ou EQUIVALENTE é apresentada nominalmente, por extenso, por uma igualdade entre o valor representado no mapa e sua correspondência no terreno.

Exemplos:
　　1 cm = 10 km
　　1 cm = 50 m

Nesses casos, a leitura será: UM CENTÍMETRO CORRESPONDE A DEZ QUILÔMETROS e UM CENTÍMETRO CORRESPONDE A CINQUENTA METROS, respectivamente.

No exemplo anterior, foram utilizadas grandezas diferentes dentro de um mesmo sistema de unidades de medidas, no caso, o SISTEMA MÉTRICO. A Tab. 2.1 apresenta algumas das conversões de medidas utilizadas, tendo como base o metro, com valor igual à unidade.

Tab. 2.1 Conversão de medidas do Sistema Métrico Decimal

km	hm	dam	m	dm	cm	mm
× 1.000	× 100	× 10	1	÷ 10	÷ 100	÷ 1.000

2.4 Utilização prática

A utilização prática da escala contida em um mapa diz respeito às medições possíveis a serem realizadas nesse mapa.

Assim, as distâncias entre quaisquer localidades podem ser facilmente calculadas por meio de uma simples regra de três, a qual pode ser montada como segue:

$$D = N \times d$$

em que:

   D = distância real no terreno

   N = denominador da escala (escala = 1/N)

   d = distância medida no mapa

Exercícios resolvidos

1. Medindo-se uma distância em uma carta, acharam-se 22 cm. Sendo a escala da carta 1:50.000, ou seja, cada centímetro, na carta, representando 50.000 cm (ou 500 m) na realidade, a distância no terreno será:

- $D = N \times d$
- $D = 50.000 \times 22$ cm = 1.100.000 cm = 11.000 m = 11 km

2. Ao encontrar-se um mapa geográfico antigo, cuja escala aparece pouco visível, mediu-se a distância entre duas cidades, tendo sido encontrado o valor de 30 cm. Sabendo que a distância real entre ambas é de, aproximadamente, 270 km em linha reta, pergunta-se: qual era a verdadeira escala do mapa?

- $D = N \times d \rightarrow N = D \div d$
- $N = 270$ km ÷ 30 cm
- $N = 27.000.000$ cm ÷ 30 cm = 900.000, ou seja,
- escala = (1/N) = 1:900.000

3. Ao demarcar-se uma reserva indígena no norte do país, de forma quadrada, com área de 15.625 km², sobre um mapa na escala 1:1.250.000, busca-se saber: de quanto será cada lado do quadrado desenhado no mapa?

Como se trata de uma área quadrada, podemos tomar como base para o cálculo da escala um dos lados dessa figura e, então:

- Área do quadrado = lado × lado
- Cada lado = √área

Então, lado = √15.625 km², ou seja, lado = 125 km = 12.500.000 cm
Sabendo que a escala do mapa é 1:1.250.000, temos:

- D = N × d → d = D ÷ N → d = 12.500.000 cm ÷ 1.250.000

Finalmente, d = 10 cm

4. Admitindo-se que as dimensões do território brasileiro, em linha reta, nas direções leste-oeste e norte-sul, meçam, respectivamente, 4.328 km e 4.320 km, qual a escala mais adequada para enquadrarmos o mapa do País em um espaço disponível de 1,30 m × 1,30 m, considerando uma margem de segurança de, aproximadamente, 5 cm de área vazia para cada um dos lados da área representada?

Em um primeiro momento, devemos considerar a área disponível para a fixação do mapa criado. Nesse caso, deve-se descontar 5 cm de cada um dos lados do espaço de 1,30 m × 1,30 m disponível. Assim, sobram 1,20 m nos dois sentidos, ou seja, o mapa deverá ser enquadrado em 1,20 m × 1,20 m.

Considerando a maior dimensão do mapa (no caso, são praticamente equivalentes), aplica-se a fórmula:

- D = N × d → N = D ÷ d
- N = 4.328 km ÷ 1,20 m
- N = 4.328.000 m ÷ 1,20 m = 3.606.666,67, ou, aproximadamente, escala = (1/N) = 1:3.600.000

No caso, optou-se por um valor inteiro para a escala, pois, se fosse utilizado o valor de 4.320 km, seria este o valor encontrado para a escala. Além disso, a margem de segurança disponível, num total de 10 cm, seria suficiente para possíveis compensações.

2 Escalas

5. Após a impressão de parte de uma carta topográfica que se encontrava em um arquivo digital, observou-se que houve uma ampliação dessa carta. Um trecho de uma estrada que apresentava, na escala original de 1:25.000, exatamente 7 cm, ficou com 12,5 cm. Como será calculada a "nova" escala do mapa impresso?

Cálculo da distância real: D = N × d
- D = 25.000 × 7 cm = 175.000 cm = 1.750 m

Cálculo da nova escala:
- N = D ÷ d → N = 175.000 cm ÷ 12,5 cm = 14.000

Nova escala = 1:14.000

Importante:
Problemas como o apresentado no exercício 5 podem ser sanados, de forma razoavelmente simples, caso seja utilizada uma escala gráfica, em vez de uma simples escala numérica ou nominal.

No caso citado, como ocorreu uma ampliação do mapa original, e como a escala gráfica acompanha essa distorção, ela automaticamente se moldaria ao novo mapa impresso. Salienta-se, entretanto, que essa situação não é recomendável, pois um mapa sempre conservará suas bases, mesmo quando houver ampliação/redução. Assim, a qualidade das informações continuará vinculada à do mapa original.

A Fig. 2.1 procura apresentar uma situação semelhante.

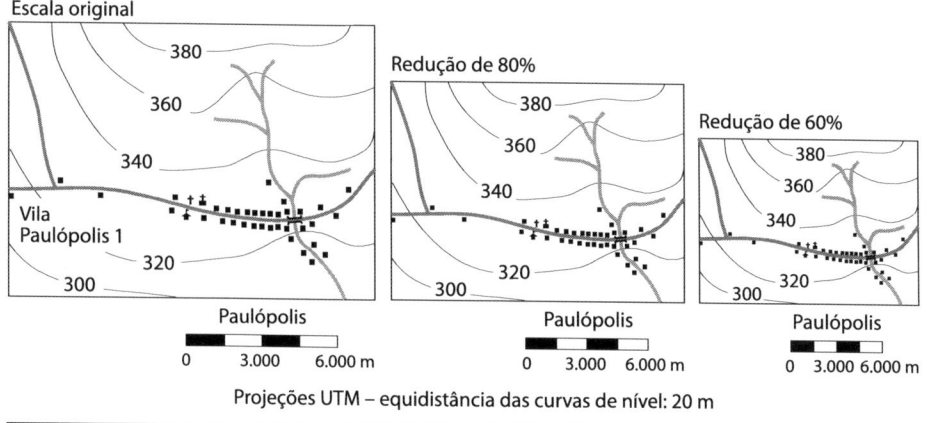

Fig. 2.1 *Redução da escala original para 80% e 60%, respectivamente*

2.5 Escolha da escala

Para qualquer trabalho que implique a utilização de um mapa, a primeira preocupação deve ser com relação à escala a ser adotada.

A escolha da escala mais adequada deve seguir dois preceitos básicos que dizem respeito:

- ao fim a que se destina o produto obtido, ou seja, à necessidade ou não de precisão e detalhamentos do trabalho efetuado;
- à disponibilidade de recursos para impressão, ou seja, basicamente com relação ao tamanho do papel a ser impresso. A Tab. 2.2 apresenta alguns tamanhos de papel utilizados para impressão.

Tab. 2.2 Tamanhos de papel

Tipo de Papel	Tamanho (polegadas – ver Tab. 2.3)	Tamanho (milímetros)
Carta	8,5" × 11,0"	215,9 mm × 279,4 mm
Ofício	8,5" × 14,0"	215,9 mm × 355,6 mm
Tabloide	11,0" × 17,0"	279,4 mm × 431,8 mm
A0	33,11" × 46,811"	841,0 mm × 1.189,0 mm
A1	23,386" × 33,11"	594,0 mm × 841,0 mm
A2	16,535" × 23,386"	420,0 mm × 594,0 mm
A3	11,693" × 16,536"	297,0 mm × 420,0 mm
A4	8,268" × 11,693"	210,0 mm × 297,0 mm
A5	5,827" × 8,268"	148,0 mm × 210,0 mm
A6	4,134" × 5,827"	105,0 mm × 148,0 mm
B1 (ISO)	27,835" × 39,37"	707,0 mm × 1.000,0 mm
B4 (ISO)	9,843" × 13,898"	250,0 mm × 353,0 mm
B5 (ISO)	6,929" × 9,843"	176,0 mm × 250,0 mm

No caso de mapas armazenados em arquivos digitais, essa situação tende a ser relegada a um segundo plano, pois, em princípio, a escala pode ser facilmente transformada para quaisquer valores. Entretanto, isso pode gerar uma série de problemas. Deve-se ter MUITO CUIDADO ao lidar com esse tipo de estrutura, pois O QUE REALMENTE CONDIZ COM A REALIDADE É A ORIGEM DAS INFORMAÇÕES GERADAS. Assim, um mapa criado em meio digital, originalmente concebido na escala 1:50.000, NUNCA terá uma precisão maior do que a permitida para essa escala.

2.5.1 CONVERSÃO DE UNIDADES

Uma ocorrência bastante frequente diz respeito ao uso de unidades de medidas fora do Sistema Internacional (SI). Um exemplo dessa situação diz respeito à digitalização de cartas e imagens. A resolução de uma imagem digital é dada pelo seu número de PIXELS (PICTURE ELEMENTS), ou seja, cada ponto que forma a imagem, e pela sua densidade, medida em dpi (DOTS PER INCH), isto é, pontos por polegada (ver Cap. 9).

Outras conversões de unidades são, em geral, pouco empregadas, salvo quando se utiliza material de origem anglo-saxônica. A Tab. 2.3 contém algumas unidades de comprimento e área mais frequentemente utilizadas.

TAB. 2.3 CONVERSÃO DE UNIDADES DE MEDIDAS

Unidade de Medida	Equivalência 1	Equivalência 2
Polegada (*inch/inches* – in ou ")	1 in	25,4 mm
Pé (*foot/feet* – ft ou ')	12 in	304,8 mm
Jarda (*yard* – yd)	3 ft	914,4 mm
Braça (*fathom* – fm)	2 yd	1.828,8 mm
Milha terrestre (*statue mile* – m)	1.760 yd	1.609,3 km
Hectare	1 ha	10.000 m^2
Hectare	1 ha	2,47 acres

2.6 ERROS EM CARTOGRAFIA

Um problema importante a ser considerado, no momento da escolha da escala, diz respeito às possibilidades de existência de erros nos mapas comumente utilizados.

Esses erros estão relacionados às formas de confecção e à qualidade do material impresso. Além da incerteza advinda da origem das informações, da qualidade da mão de obra e dos equipamentos que geraram o produto final, tem-se a possibilidade de deformação da folha impressa.

Entre as várias ocorrências possíveis, uma que deve ser respeitada é o ERRO GRÁFICO. Esse tipo de erro, que pode ser definido como o aparente deslocamento existente entre a posição real teórica de um objeto e sua posição no mapa final, é potencialmente desenvolvido durante a confecção do desenho. O erro gráfico não deve ser inferior a 0,1 mm, independentemente do valor da escala. Entretanto, em certos casos, é aceitável um valor compreendido entre 0,1 mm e 0,3 mm.

Assim, pode-se trabalhar a questão do erro gráfico da seguinte forma:

$$\varepsilon = e \times N$$

em que:

e = erro gráfico, em metros

ε = erro correspondente no terreno, em metros

N = denominador da escala (E = 1/N)

O erro gráfico reduz sua intensidade com o aumento da escala. Dessa forma, quando se fizer uma linha de 0,5 mm (o diâmetro do grafite de uma lapiseira comum) em um mapa numa escala 1:50.000, em que um milímetro corresponde a cinquenta metros, um erro de 0,5 mm no mapa corresponderá a vinte e cinco metros, na realidade. Em uma escala 1:100.000, para esse mesmo traçado, o erro ficaria em cinquenta metros. Para um traço de 0,25 mm, quando o olho humano quase já não consegue mais distinguir diferentes feições, o erro cometido em uma escala 1:50.000 seria de 12,5 m, e em uma escala 1:100.000, de 25 m.

Exercício resolvido

Deseja-se realizar o mapeamento de uma área com precisão gráfica de 0,1 mm, cujo detalhamento exige a distinção de feições de mais de 2,5 m de extensão. Que escala deverá ser utilizada?

Da expressão ε = e × N, tem-se que:

- N = ε ÷ e

então:

- N = ε ÷ e = 2,5 m ÷ 0,0001 m = 25.000

Assim, E = 1:25.000.

Observa-se que essa seria a escala mínima para perceber os detalhes requeridos (feições de mais de 2,5 m, com precisão gráfica de 0,1 mm).

Cartas, Mapas e Plantas 3

De acordo com alguns pesquisadores, a provável origem da palavra mapa parece ser cartaginesa, com o significado de "toalha de mesa". Essa conotação teria derivado das conversas de comerciantes que, desenhando sobre as ditas toalhas, os *mappas*, identificavam rotas, caminhos, localidades e outros tantos informes gráficos auxiliares aos seus negócios.

Com o passar dos tempos, diversas terminologias foram agregadas para definir tais representações, cada uma com a sua especificidade. Os termos cartas e plantas, além dos já citados mapas, são usados, muitas vezes, como sinônimos, o que deve ser encarado com certos cuidados.

Por causa de suas próprias características, a terminologia de mapa ou carta é utilizada diferentemente, de acordo com o país e o idioma correspondente. No caso do Brasil, a Associação Brasileira de Normas Técnicas (ABNT) confere as seguintes definições (Oliveira, 1993):

- Mapa: "representação gráfica, em geral uma superfície plana e numa determinada escala, com a representação de acidentes físicos e culturais da superfície da Terra, ou de um planeta ou satélite".
- Carta: "representação dos aspectos naturais e artificiais da Terra, destinada a fins práticos da atividade humana, permitindo a avaliação precisa de distâncias, direções e a localização plana, geralmente em média ou grande escala, de uma superfície da Terra, subdividida em folhas, de forma sistemática, obedecendo a um plano nacional ou internacional".

3.1 Classificação

Os mapas e/ou cartas podem ser classificados de diversas maneiras, conforme suas características.

Em geral, as classificações usuais apresentam determinadas características específicas de um mapa ou carta. Elas devem ser encaradas, porém, apenas como indicações da aplicabilidade para cada solução apresentada. Há uma tendência de superposição das características mencionadas.

3.1.1 Classificação de acordo com os objetivos

Em razão dos objetivos a que se destinam, podem ser classificados em:

- MAPAS GENÉRICOS OU GERAIS – não possuem uma finalidade específica, servindo basicamente para efeitos ilustrativos. São, em geral, desprovidos de grande precisão. Apresentam alguns aspectos físicos e obras humanas, visando a um usuário leigo e comum. Ex.: mapa com a divisão política de um Estado ou país.
- MAPAS ESPECIAIS OU TÉCNICOS – elaborados para fins específicos, com uma precisão bastante variável, de acordo com a sua aplicabilidade. Ex.: mapa astronômico, meteorológico, turístico, zoogeográfico etc.
- MAPAS TEMÁTICOS – neles são representados determinados aspectos ou temas sobre outros mapas já existentes, os denominados mapas-base. Utiliza-se de simbologias diversas para a representação dos fenômenos espacialmente distribuídos na superfície. Qualquer mapa que apresente informações diferentes da mera representação do terreno pode ser classificado como temático. Ex.: mapa geomorfológico, geológico, de solos etc.
- MAPA OU CARTA IMAGEM – imagem apresentada sobre um mapa-base, podendo abranger objetivos diversos. Utilizado para complementar as informações de uma maneira mais ilustrativa, a fim de facilitar o entendimento pelo usuário.

3.1.2 Classificação de acordo com a escala

Outra maneira de classificar a representação cartográfica é de acordo com a escala, a saber:

- PLANTA – ao se trabalhar com escalas muito grandes, maiores do que 1:1.000. As plantas são utilizadas quando há a exigência de um detalhamento bastante minucioso do terreno, como, por exemplo, redes de água, esgoto etc.
- CARTA CADASTRAL – bastante detalhada e precisa, para grandes escalas, maiores do que 1:5.000, utilizadas, por exemplo, para cadastro municipal. Essas cartas são elaboradas com base em levantamentos topográficos e/ou aerofotogramétricos.
- CARTA TOPOGRÁFICA – compreende as escalas médias, situadas entre 1:25.000 e 1:250.000, e contém detalhes planimétricos e altimétricos. As cartas topográficas normalmente são elaboradas com base em levantamentos aerofotogramétricos, com o apoio de bases topográficas já existentes.
- CARTA GEOGRÁFICA – para escalas pequenas, menores do que 1:500.000. Apresenta simbologia diferenciada para as representações planimétricas (exagera os objetos) e altimétricas, por meio de CURVAS DE NÍVEL ou de CORES HIPSOMÉTRICAS.

Não há regras rígidas quanto à classificação da "grandeza" de uma escala. Assim, para um estudo de uma bacia hidrográfica com área de 500 km², uma escala 1:50.000 pode ser considerada "grande".

Curvas de nível, isoípsas ou curvas hipsométricas são definidas aqui como as linhas, apresentadas em uma carta ou mapa, que ligam pontos com igual altitude no terreno, com o objetivo de representação da altimetria da região mapeada.

Cores hipsométricas são um sistema de coloração sequencial, de tons mais claros para escuros, utilizado em mapas para representação do relevo de uma superfície, desde o nível do mar até as maiores altitudes. Normalmente, utilizam-se tons azuis para as porções alagadas e variações entre o verde, para regiões mais baixas, até o marrom, passando por tons amarelados e avermelhados, para as porções mais elevadas. Muitas vezes, utilizam-se tons de cinza-claro para as *linhas de neve*.

3.2 Carta Internacional do Mundo ao Milionésimo (CIM)

A necessidade de uniformizar a Cartografia internacional, muitas vezes com vistas a fins militares, gerou a Carta Internacional do Mundo ao Milionésimo (CIM).

Essa carta, destinada a servir de base para outras dela derivadas, possuidora de um bom detalhamento topográfico, é originária da divisão do globo terrestre em sessenta partes iguais. Cada uma dessas partes, denominada fuso, possui seis graus de amplitude. Por outro lado, desde o equador terrestre, no sentido dos polos, procedeu-se a uma divisão em zonas, espaçadas de quatro em quatro graus.

A CIM, portanto, trata-se de uma carta na escala 1:1.000.000, distribuída em folhas de mesmo formato, de 4° de latitude por 6° de longitude, com características topográficas, apesar de sua escala, que cobre toda a Terra.

A CIM utiliza a Projeção de Lambert até as latitudes de 80°S e 84°N. Para as regiões polares, é utilizada a Projeção Estereográfica Polar.

A Fig. 3.1 apresenta um esboço, desprovido de reais proporções, que segue essa sistemática, tomando como exemplo o fuso 22.

Os fusos da CIM são numerados de 1 a 60, a partir do antimeridiano de Greenwich, no sentido oeste-leste. O valor da longitude do meridiano central de cada fuso é dado por:

MC = 6F - 183°

em que:

MC = meridiano central
F = fuso considerado

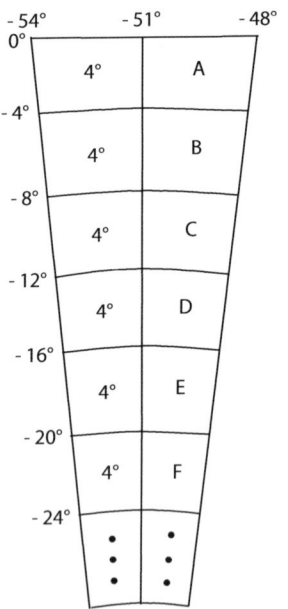

Fig. 3.1 *Esquema para o fuso 22*

EXERCÍCIO RESOLVIDO

1. Calcular o valor do meridiano central para o fuso 22.
Sabendo que MC = 6F - 183°, tem-se que: MC = 6 × 22 - 183°
- MC = 132° - 183°
- MC = - 51°, ou 51°W

3.2.1 DESDOBRAMENTO DA CIM

A CIM pode ser desdobrada em outras cartas com escalas maiores, buscando-se manter a proporção do tamanho da folha impressa. Assim, por exemplo, uma folha na escala 1:1.000.000, com 6° de longitude por 4° de latitude, pode ser dividida em quatro partes de 3° de longitude por 4° de latitude. Da mesma maneira, pode-se desdobrar as cartas até a escala 1:25.000.

A Tab. 3.1 e a Fig. 3.2 apresentam esse desdobramento, partindo, como exemplo, da folha SH-22.

A nomenclatura das folhas da CIM obedece a uma codificação básica na qual a primeira letra representa o hemisfério (N para Norte e S para Sul), a segunda, a zona considerada e a terceira, o fuso considerado.

Na Tab. 3.1, na nomenclatura da carta SH.22, a letra "S" representa o hemisfério sul, a letra "H", a zona compreendida entre as latitudes 28°S e 32°S e o valor "22", o fuso, cujo meridiano central é 51°W, conforme foi calculado.

Tab. 3.1 DESDOBRAMENTO DA CIM

Escala	Arco abrangido	Exemplo de nomenclatura
1:1.000.000	6° λ × 4° φ	SH.22
1:500.000	3° λ × 2° φ	SH.22-Z
1:250.000	1°30' λ × 1° φ	SH.22-Z-A
1:100.000	30' λ × 30' φ	SH.22-Z-A-I
1:50.000	15' λ × 15' φ	SH.22-Z-A-I-3
1:25.000	7'30" λ × 7'30" φ	SH.22-Z-A-I-3-NO

Torna-se interessante a caracterização do desdobramento das folhas de uma carta topográfica a partir da escala 1:1.000.000. A Fig. 3.2 apresenta um possível desdobramento da folha SH.22

(escala 1:1.000.000) até a folha SH.22-Z-A-I-3 (escala 1:50.000), e o desdobramento desta para a escala 1:25.000 (folhas SH.22-Z-A-I-3-NO, SH.22-Z-A-I-3-NE, SH.22-Z-A-I-3-SE e SH.22-Z-A-I-3-SO).

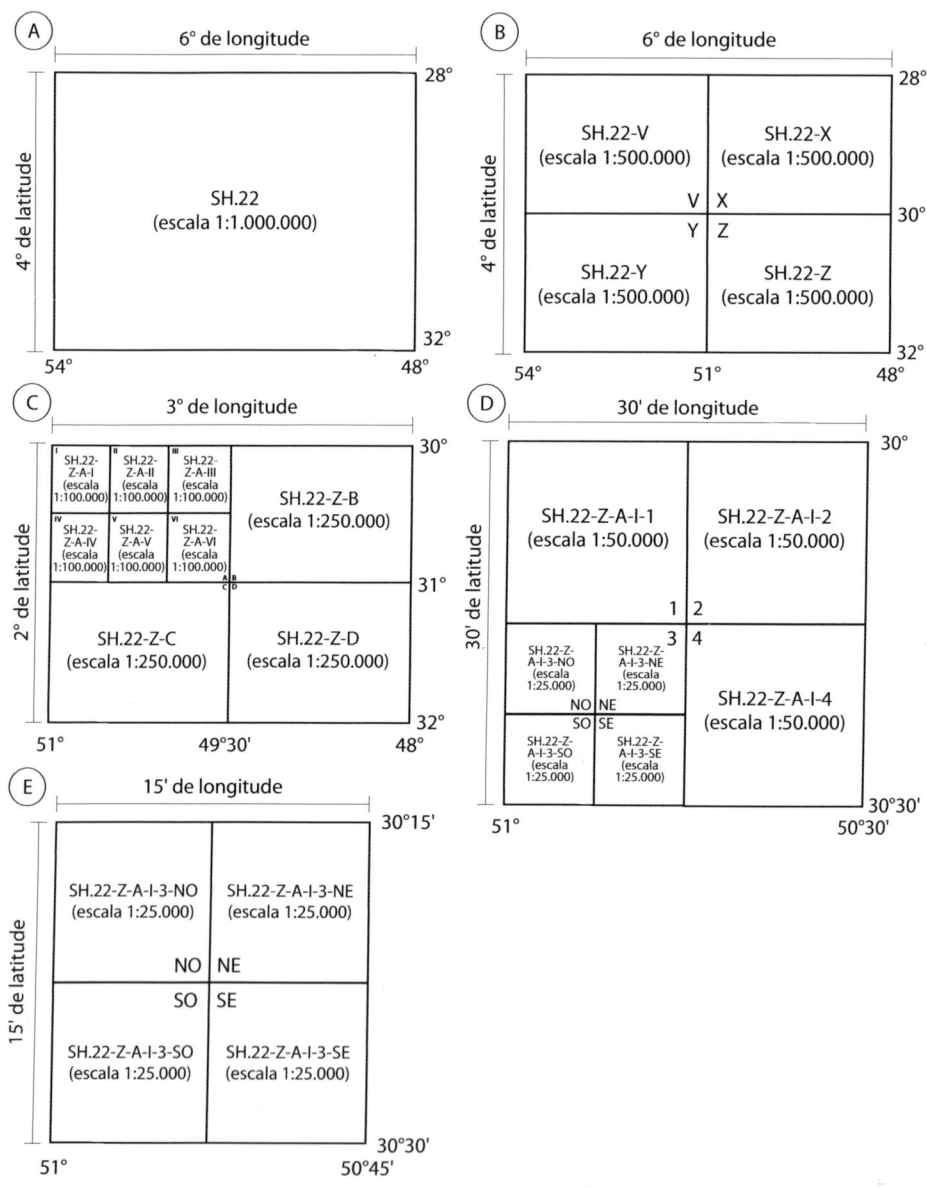

Fig. 3.2 *A) Folha SH.22; B) Desdobramento da Folha SH.22; C) Desdobramento da Folha SH. 22-Z; D) Desdobramento da Folha SH.22-Z-A-I; E) Desdobramento da Folha SH.22-Z-A-I-3*

3.3 Croquis

Muitas vezes, utiliza-se o termo CROQUI para uma representação esquemática do terreno, ou seja, um desenho que apresenta um esboço da topografia de uma determinada região. Essa forma de representação deve ser encarada e enquadrada como um levantamento expedito, com pouca precisão.

Chama-se a atenção, entretanto, para que não se confundam alguns desses levantamentos expeditos com os realizados com o uso de receptores GPS. Os dados obtidos com essa tecnologia podem apresentar grande precisão, e seus resultados podem ser transferidos e retrabalhados em um computador, gerando mapas precisos, de extrema utilidade, sempre compatíveis com a qualidade dos aparelhos e o treino do operador.

4 A Representação Cartográfica

A representação cartográfica vem evoluindo, há milhares de anos, até apresentar-se da forma como a conhecemos nos dias de hoje. Como seu produto mais significativo, temos os tão conhecidos mapas.

Pode-se definir REPRESENTAÇÃO CARTOGRÁFICA como a representação gráfica da superfície da Terra – ou de outro planeta, satélite, ou mesmo da abóbada celeste – de forma simplificada, de modo a permitir a distinção dos fenômenos nela existentes e seus elementos constituintes.

Para não fugir aos propósitos deste livro, quaisquer referências dedicadas a essa representação serão vinculadas tão somente à superfície terrestre.

4.1 Orientação

Um dos aspectos mais importantes para utilização eficaz e satisfatória de um mapa diz respeito ao sistema de orientação empregado por ele. O verbo orientar está relacionado com a busca do ORIENTE, palavra de origem latina que significa nascente. Assim, o "nascer" do Sol, nessa posição, relaciona-se à direção (ou sentido) leste, ou seja, ao Oriente.

Possivelmente, o emprego dessa convenção está ligado a um dos mais antigos métodos de orientação conhecidos. Esse método se baseia em estendermos nossa mão direita na direção do nascer do Sol, apontando, assim, para a direção leste ou oriental; o braço esquerdo esticado, consequentemente, se prolongará na direção oposta, oeste ou ocidental; e a nossa fronte estará voltada para o norte, na direção setentrional ou boreal. Finalmente, as costas indicarão a direção do sul, meridional, ou ainda, austral. A representação dos pontos cardeais se faz por Leste (E ou L); Oeste (W ou O); Norte (N); e Sul (S). A Fig. 4.1 apresenta essa forma de orientação.

4 A representação cartográfica

Importante:

Deve-se tomar cuidado ao fazer uso dessa maneira de representação, pois, dependendo da posição latitudinal do observador, nem sempre o Sol estará exatamente na direção leste.

A fim de se ter uma adequada orientação do espaço nele representado, um mapa deve conter, no mínimo, a indicação norte. Normalmente, por convenção, essa orientação se dá com o norte indicando o sentido superior do mapa, e o sul, o inferior.

Tomando por base as direções norte e sul como principais, pode-se construir a chamada "Rosa dos ventos" (Fig. 4.2), a qual contém direções intermediárias estabelecidas com o intuito de auxiliar a orientação do usuário.

Essas indicações (norte "para cima", sul "para baixo") são simples convenções e podem ser alteradas pelo usuário. Como se sabe, o Planeta não obedece a um referenciamento específico. Na Antiguidade, muitos mapas situavam, por exemplo, a cidade de Meca como centro da Terra, onde a direção sul era indicada no sentido da porção superior da folha de papel. A Fig. 4.3 apresenta um mapa contendo a divisão regional do Brasil, invertido em relação à orientação tradicional, com a indicação da direção norte "para baixo" da folha.

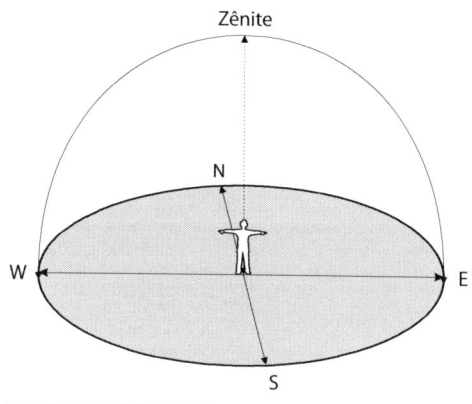

Fig. 4.1 *Forma de orientação*

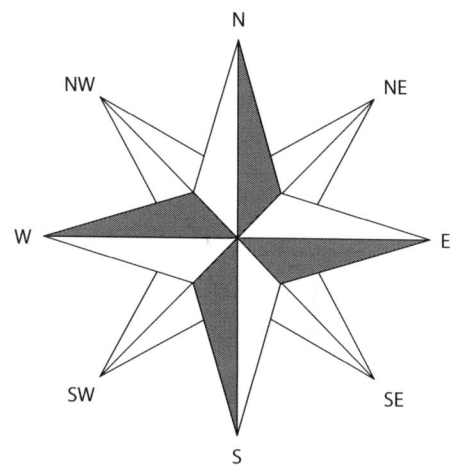

Fig. 4.2 *Rosa dos ventos*

CARTOGRAFIA BÁSICA

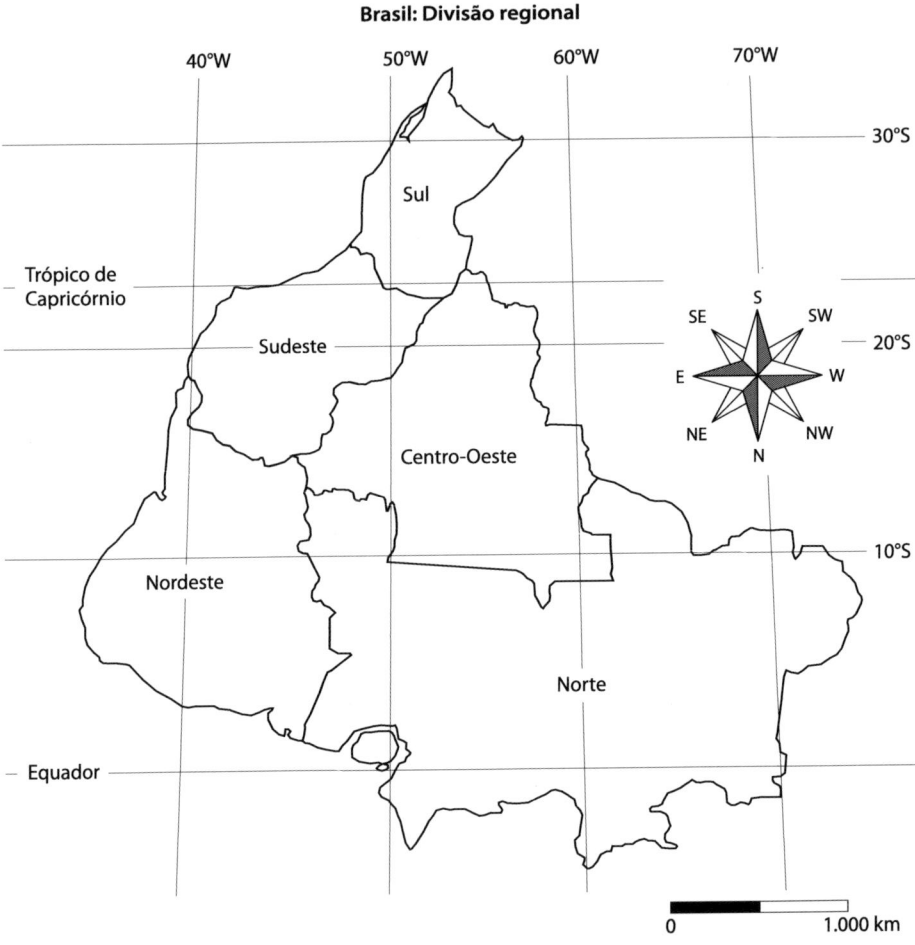

Fig. 4.3   Mapa da divisão regional do Brasil, "invertido" em relação ao posicionamento tradicional

4.2 DIREÇÃO NORTE E ÂNGULOS NOTÓRIOS

Uma observação a ser feita diz respeito às possíveis indicações de norte existentes em um mapa ou carta, a saber: NORTE GEOGRÁFICO OU VERDADEIRO, NORTE MAGNÉTICO e NORTE DE QUADRÍCULA. A Fig. 4.4 apresenta um esquema contendo essa representação dos nortes.

O NORTE GEOGRÁFICO (NG), ou NORTE VERDADEIRO (NV), é aquele indicado por qualquer meridiano geográfico, ou seja, na direção do eixo de rotação do Planeta.

4 A representação cartográfica

O Norte Magnético (NM) apresenta a direção do polo norte magnético, aquela indicada pela agulha imantada de uma bússola.

O Norte de Quadrícula (NQ) é aquele representado nas cartas topográficas seguindo-se, no sentido sul-norte, a direção das quadrículas apresentadas pelas cartas.

O ângulo formado pelos nortes geográfico e magnético, expresso em graus, denomina-se DECLINAÇÃO MAGNÉTICA (δ). A declinação magnética possui grandes variações em diferentes partes do globo terrestre, em função, entre outros fenômenos, da posição relativa entre os polos geográfico e magnético. As cartas topográficas devem apresentar a variação anual desse ângulo em suas margens, a fim de que se possa saber, no caso de uso de uma bússola, a real direção a ser seguida.

Declinação magnética em 1995 e convergência meridiana do centro da folha

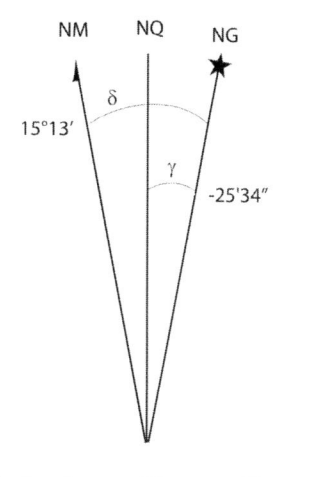

A declinação magnética cresce 9' ao ano

Fig. 4.4 *Esquema de representação dos nortes geográfico, magnético e de quadrícula*

A Fig. 4.4 apresenta declinação magnética (δ) = 15°13'. Conforme consta na carta, a DECLINAÇÃO MAGNÉTICA, EM 1995, cresce 9' por ano. Para o ano de 2008, teríamos uma variação de 9' × 13 anos, ou seja, 117', ou ainda, 1°57'; para o ano de 2009, 9' × 14 anos = 126', ou 2°06', e assim por diante. Dessa maneira, os ângulos deverão ser corrigidos para 17°10', para o ano de 2008, e 17°19', para o ano de 2009, respectivamente, de acordo com o apontado pela bússola.

Outro elemento importante, contido nas cartas topográficas, é conhecido como CONVERGÊNCIA MERIDIANA (γ), formada pela diferença angular entre o norte geográfico e o norte de quadrícula. Quando se trabalha dentro do sistema Universal Transversal de Mercator (UTM), observa-se um crescimento da convergência meridiana, de acordo com o aumento da latitude e em função do afastamento de seu meridiano central (MC) respectivo. Assim, no hemisfério

CARTOGRAFIA BÁSICA

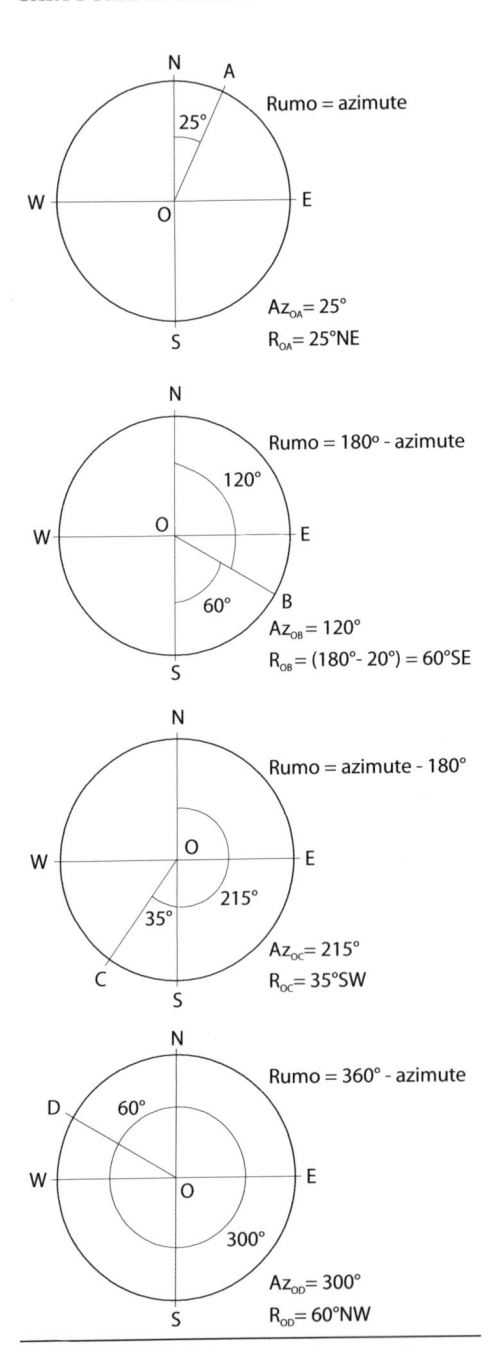

Figura (A): Rumo = azimute; $Az_{OA} = 25°$; $R_{OA} = 25°NE$

Figura (B): Rumo = 180° − azimute; $Az_{OB} = 120°$; $R_{OB} = (180° - 120°) = 60°SE$

Figura (C): Rumo = azimute − 180°; $Az_{OC} = 215°$; $R_{OC} = 35°SW$

Figura (D): Rumo = 360° − azimute; $Az_{OD} = 300°$; $R_{OD} = 60°NW$

Fig. 4.5 *Rumos e azimutes: A) no primeiro quadrante (NE); B) no segundo quadrante (SE); C) no terceiro quadrante (SW); D) no quarto quadrante (NW)*

sul, a convergência meridiana será negativa a leste do MC e positiva a oeste.

Cabe salientar, no entanto, que, como o sistema de quadrículas apresentado nas cartas topográficas é uma representação planimétrica com cada quadrícula apresentando medidas iguais, somente no meridiano central de cada fuso haverá coincidência entre o NG e o NQ.

4.3 RUMOS E AZIMUTES

Uma forma de orientação bastante usual em Cartografia se dá pelo uso de RUMOS e AZIMUTES de um alinhamento.

O AZIMUTE de um alinhamento pode ser definido como o ângulo medido no sentido horário, entre a linha norte-sul e um alinhamento qualquer, com variação entre 0° e 360°.

Já o RUMO de um alinhamento é conhecido como o menor ângulo formado entre a linha norte-sul e um alinhamento qualquer. Sua variação se dá entre 0° e 90°, devendo ser indicado o quadrante correspondente: NE, SE, SW ou NW, isto é, PRIMEIRO, SEGUNDO, TERCEIRO ou QUARTO quadrante, respectivamente.

A Fig. 4.5 apresenta exemplos abrangendo as relações existentes entre rumos e azimutes de acordo com o quadrante representado.

4 A representação cartográfica

EXERCÍCIO RESOLVIDO

Deseja-se saber o rumo e o azimute do alinhamento AB desenhado na Fig. 4.6 A.

Primeiramente, observa-se o quadrante do alinhamento. No caso apresentado, verificou-se que se trata do terceiro quadrante, ou seja, direção sudoeste.

Em seguida, posiciona-se um transferidor sobre o ponto de origem do alinhamento, isto é, com o ponto "A" coincidindo exatamente com a linha norte-sul.

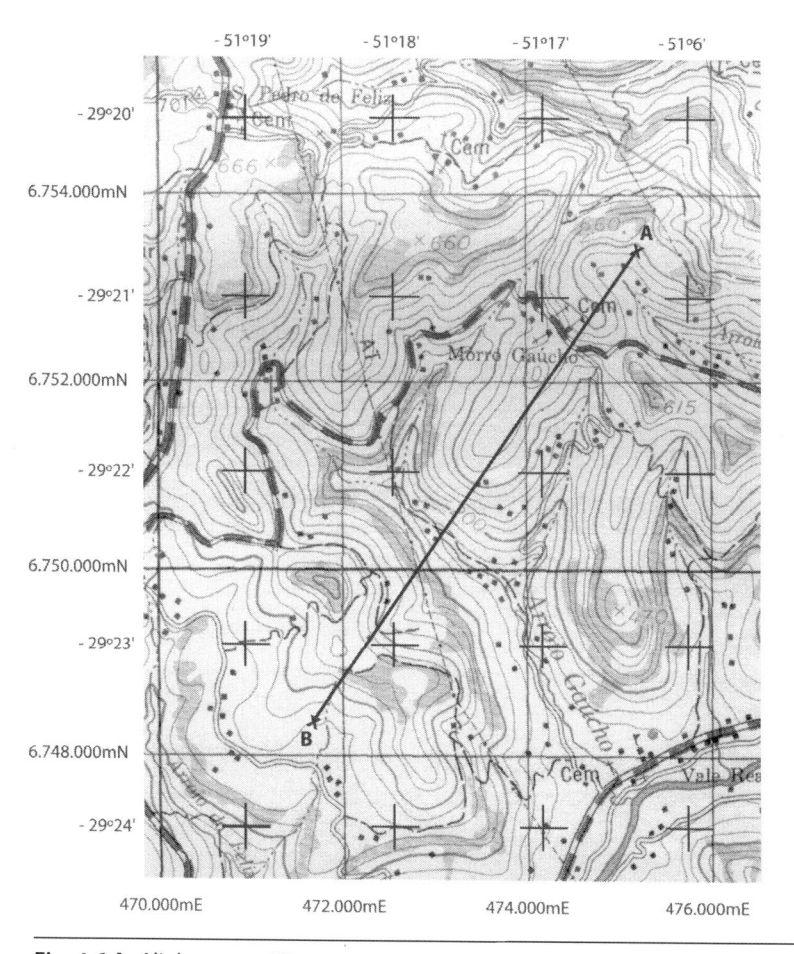

Fig. 4.6 A *Alinhamento AB*

Finalmente, realizam-se as leituras correspondentes, conforme é apresentado na Fig. 4.6 B, na qual se verifica que o rumo do alinhamento AB corresponde a 34º SW, e o azimute, a 214º (rumo + 180º).

4.4 A representação cartográfica e a forma da Terra

Um dos grandes problemas enfrentados para uma boa representação cartográfica diz respeito à forma da Terra. Por possuir uma

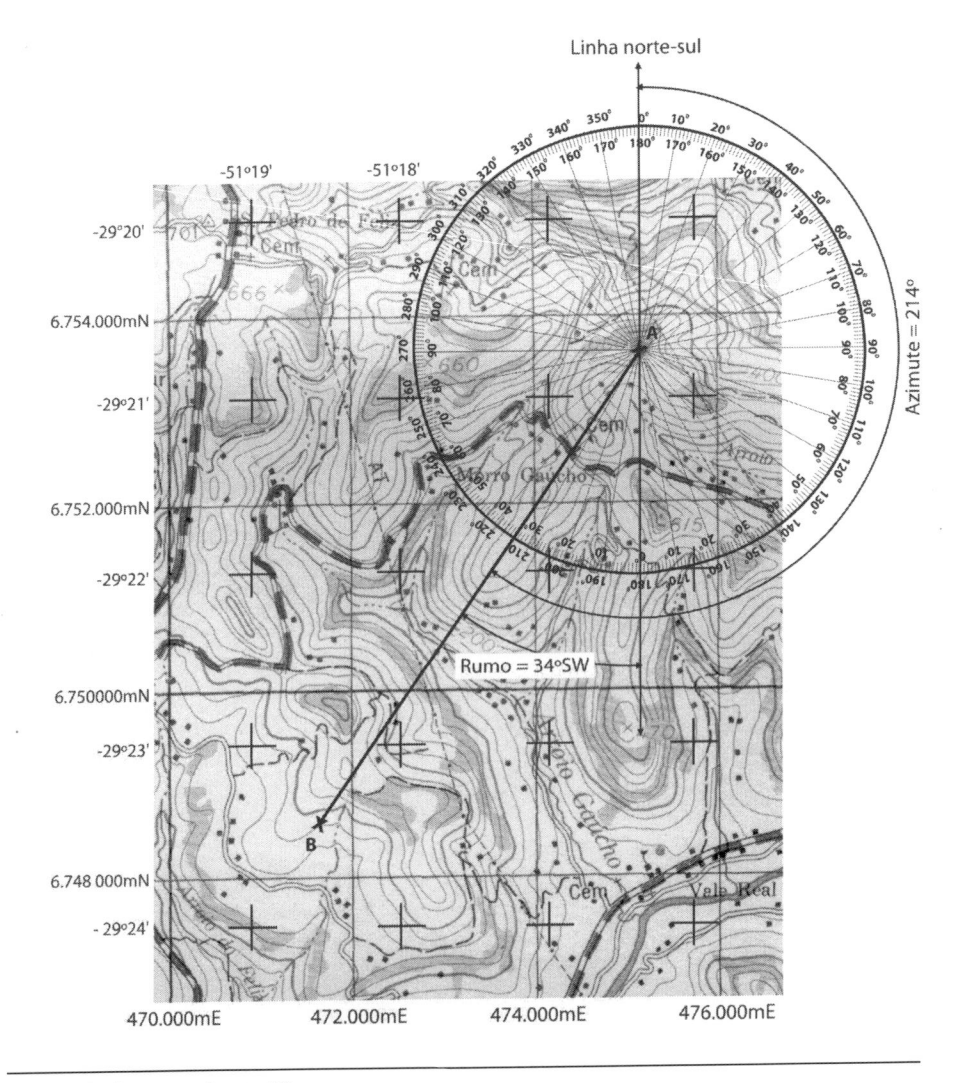

Fig. 4.6 B *Rumo e azimute AB*

4 A representação cartográfica

superfície específica, esférica, imperfeita, e sendo um mapa uma representação plana, não há condições físicas de se transformar as características superficiais do Planeta em um plano sem incorrer em grandes problemas de representação.

A melhor maneira de se representar a Terra ou outros planetas é por meio de GLOBOS.

Um GLOBO é uma representação cartográfica que utiliza como figura matemática uma esfera, na qual os principais aspectos da superfície a ser representada são mostrados por uma simbologia adequada à sua escala. Sua apresentação, entretanto, incorre em alguns problemas, exatamente por causa de sua esfericidade, o que acarreta certas dificuldades quanto ao seu manuseio e à realização de medições. Outro fator que dificulta sobremaneira a sua utilização refere-se à necessidade de se trabalhar em uma escala muito reduzida.

4.5 CONSTRUÇÃO DE UM GLOBO

A Fig. 4.7 apresenta o desdobramento aproximado da projeção da Terra sobre uma superfície esférica para a confecção de um globo. O valor da circunferência dessa esfera é idêntico ao valor do comprimento do equador representado.

Para a confecção de um globo com fins ilustrativos, pode-se partir do modelo apresentado na Fig. 4.7, recortando-se as porções delimitadas pelos meridianos apresentados. A escala do globo deverá ser calculada em função do tamanho da esfera disponível para a colagem, devendo-se medir o comprimento da esfera. Esse comprimento deverá ser exatamente igual ao comprimento total da linha do equador desenhada. As calotas polares deverão ser anexadas, posteriormente, ao restante do recorte apresentado.

4.6 PROJEÇÕES CARTOGRÁFICAS

A fim de solucionar as questões relacionadas com a forma do Planeta, foram feitas algumas adaptações, buscando aproximar a realidade da superfície terrestre para uma forma passível de ser geometricamente transformada em uma superfície plana e facilmente manuseável: um mapa.

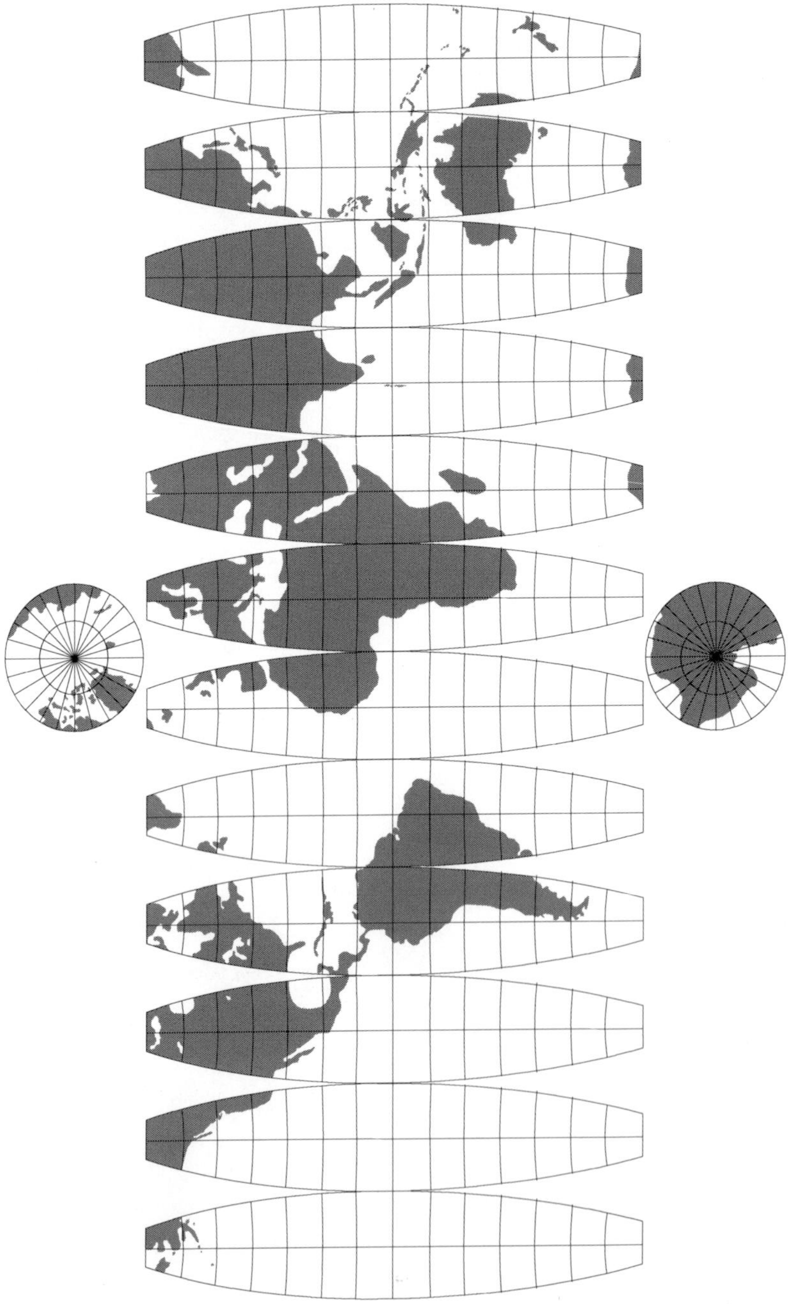

Fig. 4.7 Desdobramento do globo terrestre

4 A representação cartográfica

Em virtude dessas dificuldades de representação, escolheu-se uma figura o mais próxima possível da própria superfície terrestre e que pudesse ser matematicamente trabalhada. Essa superfície é conhecida como ELIPSOIDE DE REVOLUÇÃO (ver Cap. 1).

Com o intuito de transportar os pontos constantes no elipsoide para um plano, foi criado um sistema denominado "Projeções Cartográficas", o qual, com alguns ajustes, transporta, do modo mais fiel possível, os pontos notáveis da superfície da Terra para os mapas.

As projeções cartográficas, apoiadas em funções matemáticas definidas, realizam esse transporte de pontos utilizando diferentes figuras geométricas como superfícies de projeção.

Matematicamente, pode-se estabelecer um sistema de funções contínuas F, G, H e I que buscam relacionar as variáveis X e Y, coordenadas da superfície plana, com a latitude φ e a longitude λ, coordenadas do elipsoide. Resumindo, têm-se:

$x = f(\varphi, \lambda)$
$y = g(\varphi, \lambda)$
$\varphi = h(x, y)$
$\lambda = i(x, y)$

Essas funções levam a infinitas soluções, sobre as quais um sistema de quadrículas busca localizar todos os pontos a serem representados.

Apesar de o mecanismo ser aparentemente simples, o transporte de pontos da realidade para esse mapa-plano acaba por transferir uma série de incorreções, gerando deformações que podem ser mais ou menos controladas.

4.6.1 Classificação das projeções

As projeções cartográficas podem ser classificadas de acordo com diferentes metodologias que buscam sempre um melhor ajuste da superfície a ser representada.

De uma forma bastante simplificada, pode-se classificar as projeções cartográficas, seguindo a proposta de Oliveira (1993), como CONFORMES, EQUIVALENTES, EQUIDISTANTES, AZIMUTAIS ou ZENITAIS e AFILÁTICAS ou ARBITRÁRIAS. Essa classificação leva em consideração as deformações apresentadas.

Classificação quanto às deformações apresentadas

- PROJEÇÕES CONFORMES ou SEMELHANTES: mantêm a verdadeira forma das áreas a serem representadas, não deformando os ângulos existentes no mapa.
- PROJEÇÕES EQUIDISTANTES: apresentam constância entre as distâncias representadas, ou seja, não possuem deformações lineares.
- PROJEÇÕES EQUIVALENTES: possuem a propriedade de manter constantes as dimensões relativas das áreas representadas, isto é, não as deformam. Essas projeções, entretanto, não se constituem como projeções conformes.
- PROJEÇÕES AZIMUTAIS ou ZENITAIS: são destinadas a finalidades bem específicas, quando nem as projeções conformes ou equivalentes satisfazem. Essas projeções preocupam-se apenas com que os azimutes ou as direções de todas as linhas vindas do ponto central da projeção sejam iguais aos das linhas correspondentes na esfera terrestre.
- PROJEÇÕES AFILÁTICAS ou ARBITRÁRIAS: não possuem nenhuma das propriedades das anteriores, isto é, não conservam áreas, ângulos, distâncias nem os azimutes.

Todavia, as projeções cartográficas podem ser classificadas de outras maneiras, como será visto a seguir.

Classificação quanto à localização do ponto de vista (Fig. 4.8):

- GNÔMICA OU CENTRAL: quando o ponto de vista está situado no centro do elipsoide.
- ESTEREOGRÁFICA: quando o ponto de vista se localiza na extremidade diametralmente oposta à superfície de projeção.
- ORTOGRÁFICA: quando o ponto de vista se situa no infinito.

4 A representação cartográfica

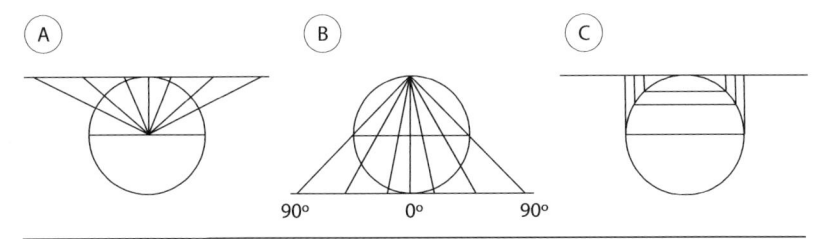

Fig. 4.8 *Classificação das projeções segundo a localização do ponto de vista: A) gnômica; B) estereográfica; C) ortográfica*

Classificação quanto ao tipo de superfície de projeção (Fig. 4.9):

- PLANA: quando a superfície de projeção é um plano.
- CÔNICA: quando a superfície de projeção é um cone.
- CILÍNDRICA: quando a superfície de projeção é um cilindro.
- POLIÉDRICA: quando se utilizam vários planos de projeção que, reunidos, formam um poliedro.

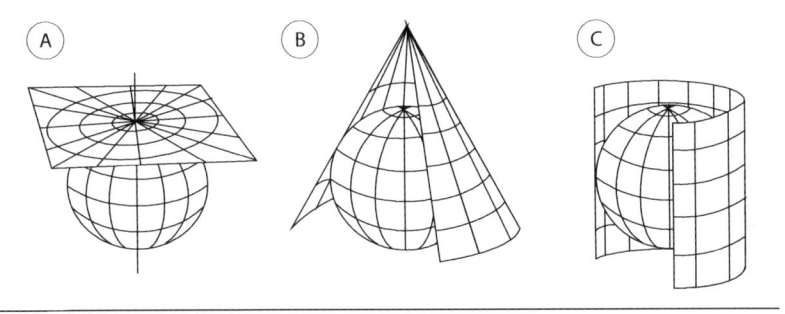

Fig. 4.9 *Classificação das projeções de acordo com o tipo de superfície de projeção: A) plana; B) cônica; C) cilíndrica*

Classificação quanto à posição da superfície de projeção (Fig. 4.10):

- EQUATORIAL: quando o centro da superfície de projeção se situa no equador terrestre.
- POLAR: quando o centro do plano de projeção é um polo.
- TRANSVERSA: quando o eixo da superfície de projeção (um cilindro ou um cone) se encontra perpendicular em relação ao eixo de rotação da Terra.
- OBLÍQUA: quando está em qualquer outra posição.

Cartografia Básica

Projeção cilíndrica direta tangente

Projeção cilíndrica direta secante

Projeção cônica normal tangente

Projeção cônica normal secante

Projeção cilíndrica transversa tangente

Projeção cônica transversa tangente

Projeção cônica transversa secante

Projeção cilíndrica transversa secante

Projeção cilíndrica oblíqua secante

Projeção cilíndrica oblíqua tangente

Projeção cônica oblíqua tangente

Projeção cônica oblíqua secante

Projeção plana polar

Projeção plana equatorial

Projeção plana oblíqua

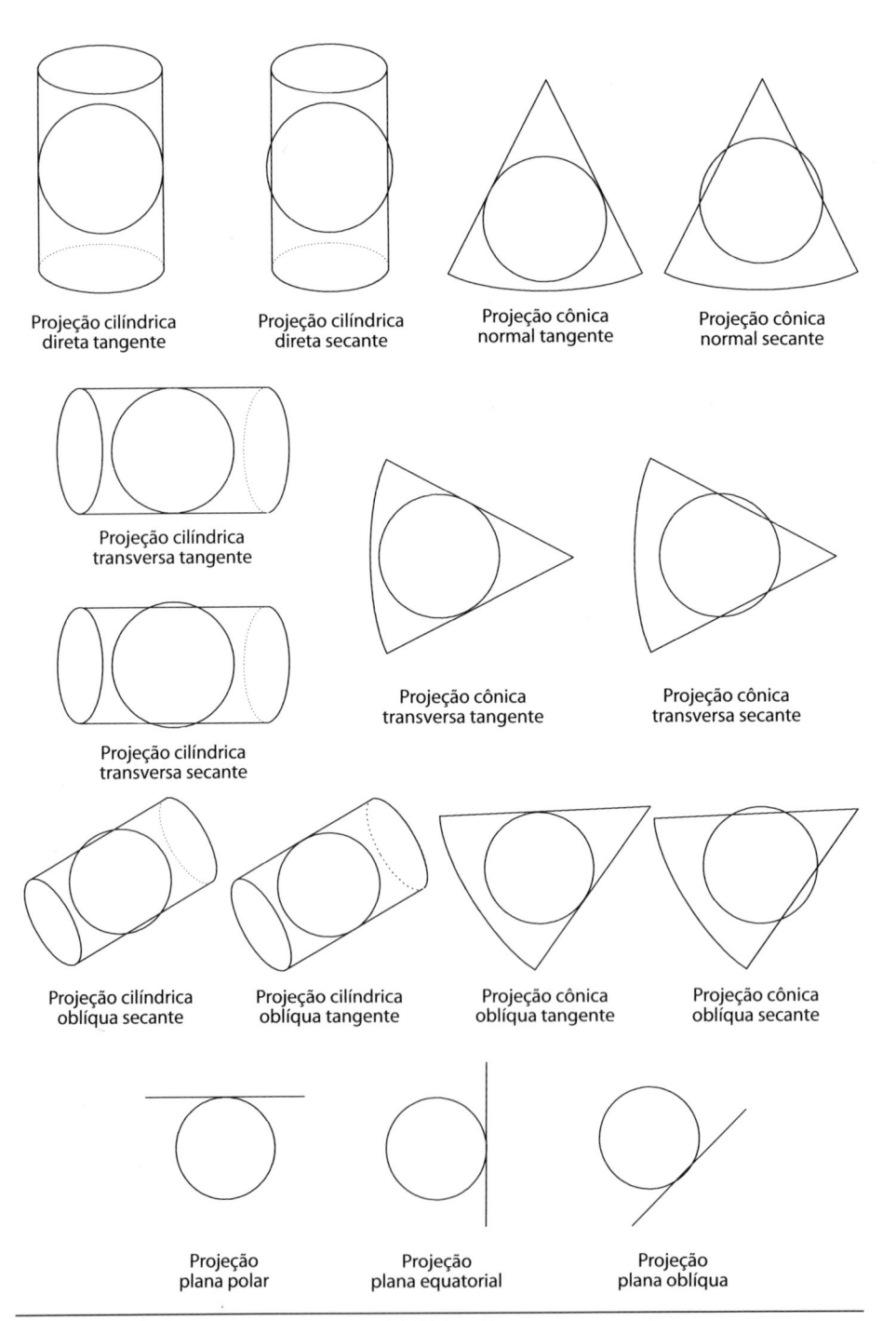

Fig. 4.10 *Classificação das projeções quanto à posição e à situação da superfície de projeção*

4 A representação cartográfica

Classificação quanto à situação da superfície de projeção (Fig. 4.10):

- TANGENTE: quando a superfície de projeção tangencia o elipsoide em um ponto (planas) ou em uma linha (cilíndricas ou cônicas).
- SECANTE: quando a superfície de projeção corta o elipsoide em dois pontos (planas) ou em duas linhas (cilíndricas ou cônicas) de secância.

4.6.2 Exemplos de projeções

Com a finalidade de exemplificar a utilização das classificações apresentadas, serão mostradas duas projeções cartográficas.

Projeção azimutal estereográfica polar

Trata-se de uma projeção CONFORME com um aumento progressivo, em termos de escala, no sentido polo-equador. A Fig. 4.11 apresenta o desdobramento dessa projeção.

Projeção central cilíndrica direta tangente

Trata-se de uma projeção cilíndrica com um aumento progressivo, em termos de escala, no sentido equador-polos, com grandes deformações nas altas latitudes (Fig. 4.12).

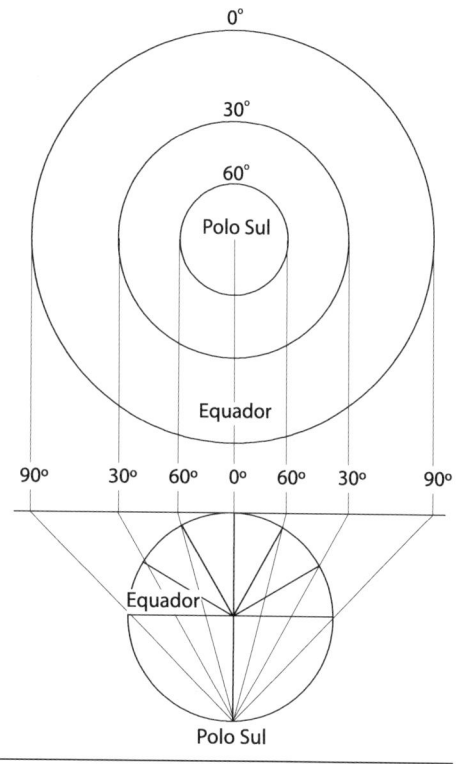

Fig. 4.11 *Projeção azimutal estereográfica polar*

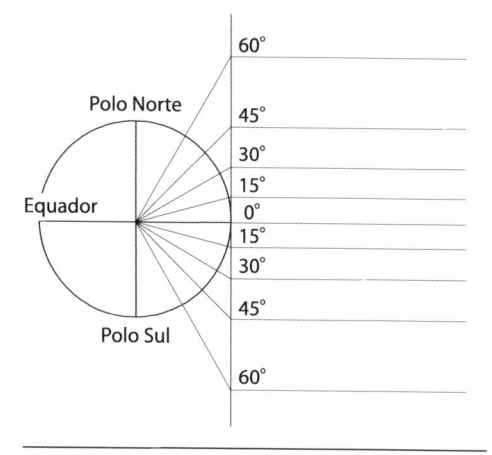

Fig. 4.12 *Projeção central cilíndrica direta tangente*

5 Cartografia Temática

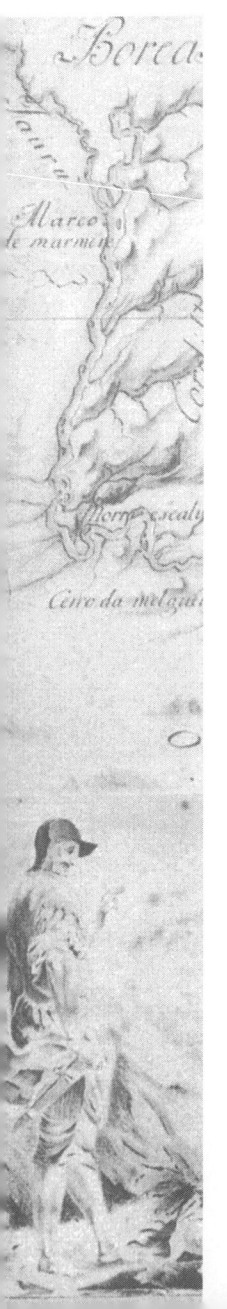

Ao passo que a Cartografia sistemática ou topográfica tradicional trata de um produto cartográfico de forma geométrica e descritiva, a Cartografia temática apresenta uma solução analítica ou explicativa.

De maneira geral, diz-se que a Cartografia temática preocupa-se com o planejamento, a execução e a impressão final, ou plotagem de mapas temáticos, que são aqueles que possuem um tema principal a ser representado. Para obter-se um bom resultado em um mapa temático, alguns preceitos devem ser respeitados e, como esses mapas se baseiam em mapas preexistentes, deve-se ter um conhecimento preciso das características da base de origem.

5.1 Mapas temáticos

Os mapas temáticos geralmente utilizam outros mapas como base, e seu objetivo básico é fornecer uma representação dos fenômenos existentes sobre a superfície terrestre, por meio de uma simbologia específica.

Como já foi assinalado no Cap. 3, é possível afirmar que qualquer mapa que apresente outra informação distinta da mera representação da porção analisada pode ser enquadrado como temático, ou seja, possuidor de um tema específico.

Um mapa temático, assim como qualquer outro tipo de mapa, deve possuir alguns elementos de fundamental importância para o fácil entendimento do usuário.

5.1.1 Elementos constituintes de um mapa temático

Entre os vários elementos que podem constituir um mapa temático, merecem destaque:

- o título do mapa: realçado, preciso e conciso;
- as convenções utilizadas;
- a base de origem (mapa-base, dados etc.);
- as referências (autoria, data de confecção, fontes etc.);
- a indicação da direção norte, no caso da inexistência de um sistema de coordenadas geográficas ou plano-retangulares. Salvo quando explicitado, a indicação da direção norte refere-se a esse sentido no centro do mapa apresentado;
- a escala;
- o sistema de projeção utilizado;
- o(s) sistema(s) de coordenadas utilizado(s) (gratículas e/ou quadrículas). *Gratículas* são entendidas aqui como conjuntos de linhas que se cruzam perpendicularmente, em ângulos quaisquer, formando trapézios esféricos, ao passo que *quadrículas* são entendidas como pares de linhas paralelas que se cruzam perpendicularmente, estabelecendo ângulos retos, com a consequente formação de quadrados ou retângulos.

A confecção ou construção de um mapa qualquer deve levar em consideração, necessariamente, as seis primeiras características listadas, sob pena de perda da qualidade do trabalho.

Os sistemas de projeção e de coordenadas devem constar, sempre que possível, a fim de validar cientificamente as informações contidas no mapa. Quando existir a representação de um sistema de coordenadas por meio de quadrículas/gratículas, a indicação da direção norte torna-se opcional.

Convém acrescentar que, em se tratando de mapas digitais, todas as informações listadas praticamente se tornam indispensáveis, pois sua omissão impedirá trabalhos com a utilização das técnicas do geoprocessamento. O geoprocessamento busca realizar, de uma forma geral, o armazenamento, o processamento e a análise de dados georreferenciados, ou seja, de informações espacialmente localizadas. Para tal, é necessário dispor de mapas altamente qualificados.

5.1.2 Uso de legendas e convenções

Os mapas temáticos devem apresentar determinadas características básicas para que possam ser facilmente entendidos por qualquer usuário.

Em um primeiro momento, para que se possa fazer uma leitura correta de determinados detalhes, a fim de vinculá-los à realidade vivenciada, necessita-se utilizar alguma imaginação, pois se deve lembrar que as cartas são REPRESENTAÇÕES DO TERRENO, elaboradas com a finalidade de apresentar as características dele o mais fielmente possível.

5.1.3 A qualidade das informações

Os dados ou informações a serem representados apresentam características específicas que devem ser trabalhadas com bastante cuidado.

Para que um mapa possa traduzir exatamente o que se deseja, é imprescindível o uso preciso de determinadas variáveis visuais.

A primeira delas relaciona-se ao TAMANHO do elemento a ser representado. Nesse sentido, é fundamental sempre manter uma proporção adequada à escala do mapa e ao tamanho final do produto impresso. Deve-se destacar que, na representação de uma estrada, por exemplo, muitas vezes o traçado realizado não condiz com a sua real largura.

Outra característica diz respeito às TONALIDADES, HACHURAS – métodos de representação que utilizam traços paralelos de igual espaçamento para dar ideia de densidade ou para a representação da estrutura de um relevo –, ou aos COLORIDOS utilizados que, para uma boa representação, devem ser de fácil e imediata compreensão. A execução de um mapa com informações quantitativas deve possuir tons diferenciados, do mais claro, ou hachuras mais espaçadas, para valores menores, até tons mais escuros, ou hachuramento mais denso, para valores maiores. Assim, em um mapa hipsométrico – que representa o relevo com utilização de cores para as diferentes altitudes –, utilizam-se duas ou três cores básicas e variações tonais intermediárias entre elas (*dégradé*), a fim de representar melhor as diferenças de altitudes. Em geral, as áreas baixas são representadas por tons de verde passando a amarelo; as médias altitudes, por tons amarelados até avermelhados, e as maiores altitudes por tons de vermelho até marrom. Muitas vezes, em tons de cinza-claro, acrescenta-se uma área correspondente à linha de neve presente em grandes altitudes. Já em mapas políticos, por exemplo, as divisões administrativas deverão apresentar cores bem distintas umas das outras, para facilitar a localização das fronteiras.

A FORMA DO SÍMBOLO utilizado é outra característica fundamental para uma informação precisa e objetiva. As informações existentes na realidade da superfície devem ser, como já foi dito, de fácil compreensão. A utilização de diferentes formas de representação em um mapa, passíveis de um reconhecimento imediato pelo usuário, é essencial para a satisfação desse requisito básico:

- A FORMA LINEAR é utilizada para informações que, ao serem transportadas para um mapa, requerem um traçado característico, sob a forma de linha contínua ou não. Na maioria das vezes, a largura da linha desenhada não corresponde à largura real do tema. Para melhorar a compreensão dos elementos representados, o tracejado pode apresentar cores diversas, ou ser descontínuo. Ex.: estradas, rios etc.
- A FORMA PONTUAL é utilizada para as informações cuja representação pode ser traduzida por pontos ou figuras geométricas. Ex.: cidades, casas, indústrias etc.
- A FORMA ZONAL é usada para representar as informações que ocupam uma determinada extensão sobre a área a ser trabalhada. Essa representação é feita com a utilização de polígonos. Ex.: vegetação, solos, clima, geologia etc.

5.1.4 A REPRESENTAÇÃO TEMÁTICA: O USO DE CONVENÇÕES

A fim de que se possa apresentar cartograficamente os temas de um mapa de forma clara, objetiva e precisa, alguns princípios devem ser seguidos:

- Cada fenômeno deve ser representado por apenas uma simbologia específica; assim, para informações QUALITATIVAS, há uma mudança na forma dos símbolos utilizados. A Fig. 5.1 apresenta

CARTOGRAFIA BÁSICA

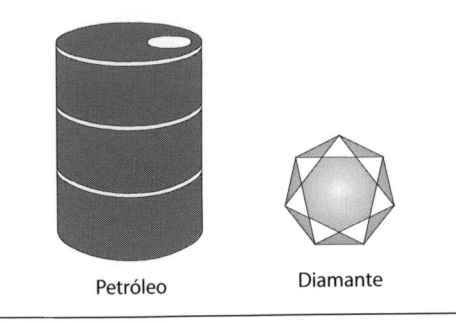

Fig. 5.1 *Informações qualitativas*
(Petróleo — Diamante)

um exemplo dessa situação, em que é facilmente verificável a distinção entre os produtos a serem descritos no mapa.

○ Para variações de informações QUANTITATIVAS, a tonalidade da cor utilizada ou o tamanho da simbologia traduz as diferenciações representadas. A Fig. 5.2 aponta dois exemplos que demonstram a utilização de informações quantitativas. Nessa figura, pode-se verificar duas maneiras de apresentar dados quantitativos: por *dégradé* de tons de cinza (para demonstrar a variação da expectativa de vida), ou pela variação no tamanho do desenho do produto que se deseja representar.

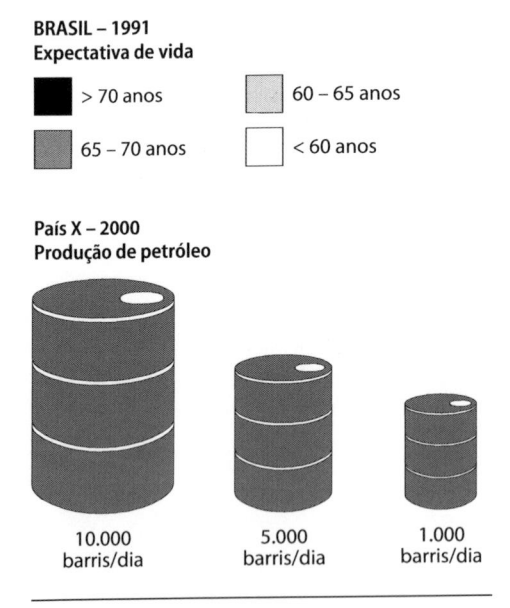

BRASIL – 1991
Expectativa de vida
- \> 70 anos
- 65 – 70 anos
- 60 – 65 anos
- < 60 anos

País X – 2000
Produção de petróleo
10.000 barris/dia — 5.000 barris/dia — 1.000 barris/dia

Fig. 5.2 *Informações quantitativas*

Como é deduzível, os sinais convencionais podem ser apresentados de variadas formas em mapas temáticos.

Os CURSOS D'ÁGUA possuem representação na cor azul, com sua nomenclatura mais usual. Os rios, de maior porte, possuem, sempre que possível, largura compatível a eles. As nascentes são representadas por linhas tracejadas.

A COBERTURA VEGETAL e as PLANTAÇÕES normalmente se apresentam com colorações esverdeadas, existindo uma diferenciação de tonalidades entre os diversos tipos de vegetação e uso da terra. É importante observar que essa cobertura poderá apresentar-se bastante modificada, em razão das transformações experimentadas pela área desde a elaboração do mapa.

As CIDADES e VILAS, com área urbana significativa, dependendo da escala do mapa, podem ser representadas por um arruamento bastante simplificado, com coloração rósea. Conforme a escala do mapa vai aumentando, o detalhamento (ruas, avenidas, quarteirões etc.) vai sendo cada vez mais aprimorado.

Pequenos quadrados pretos podem representar quaisquer CONSTRUÇÕES existentes. IGREJAS e ESCOLAS geralmente apresentam ícones específicos, e construções como, por exemplo, usinas, cemitérios, fábricas e outras, podem receber uma identificação específica ao lado, visando a uma localização mais facilitada.

Nos mapas, também são colocados alguns topônimos de lugares de conhecimento geral e/ou da população residente nos arredores da região. Ex.: nomes de rios, morros, vilas etc.

Alguns mapas temáticos podem exibir um detalhamento maior patrocinado pela sua base. Assim, por exemplo, alguns apresentam isoípsas, conhecidas como CURVAS DE NÍVEL, que podem ser apresentadas como linhas na cor sépia (marrom-claro), com numeração aparente, normalmente de 100 m em 100 m. Igualmente, os pontos cotados também podem constar com o seu valor e um "X" ao lado, na cor preta, indicando a sua exata localização. Quando o "X" estiver na cor sépia, deverá ser interpretado como um ponto cotado obtido por interpolação. Um triângulo contendo um ponto em seu centro mostra a localização de um marco geodésico ou topográfico existente no terreno.

Linhas tracejadas contendo um ponto entre os traços representam LINHAS DE TRANSMISSÃO DE ENERGIA (alta/baixa tensão); linhas tracejadas contendo um "x" entre os traços representam cercas.

Qualquer mapa confiável deve apresentar as convenções utilizadas e suas devidas explicações. Normalmente, a legenda é localizada em um canto do mapa, enquadrada em uma moldura e contendo o título "legenda" ou "convenções". A legenda pode ser entendida, portanto, como o quadro que apresenta, internamente, as convenções.

5.1.5 FONTE DA INFORMAÇÃO E SUAS REFERÊNCIAS

Outra observação a ser verificada diz respeito à fonte das informações e suas referências. A qualidade das informações do mapa temático final está diretamente relacionada com o mapa-base utilizado e com a origem e a credibilidade dos dados nele representados.

A autoria, a data de confecção, a base dos dados, assim como todas as demais informações que possam contribuir para elucidar qualquer dúvida do usuário, devem constar no rodapé do mapa produzido.

Um mapa desprovido de tais informações torna-se desqualificado em termos técnicos e acadêmicos, restringindo-se a usos menos nobres.

5.1.6 Sistema de projeção e escala

Para que se possa realizar um bom trabalho, deve-se ter cuidado com a questão da qualidade do produto gerado. Quando se deseja um nível maior de precisão nos mapas realizados, deverão ser mencionados, além dos itens já citados, outros dois dados imprescindíveis, importados do mapa-base: a ESCALA e o SISTEMA DE PROJEÇÃO.

Qualquer produto apresentado sem essas caracterizações deve, necessariamente, incluir dizeres como: "MAPA ILUSTRATIVO, DESPROVIDO DE RIGOR GEOMÉTRICO".

A geração de mapas em meio digital é, atualmente, a forma mais comum de confecção. As facilidades da informática trazem à tona, entretanto, variados problemas que podem ser agravados quando a manipulação das informações é executada sem o devido cuidado, ou por profissionais não qualificados.

Os "ajustes" realizados em um mapa para que ele consiga ser enquadrado em determinado trabalho podem ocasionar danos irreparáveis ao material produzido. O "esticamento" de um mapa, por exemplo, pode alterar, além do sistema de projeção utilizado, a escala apresentada.

Em determinados casos, porém, é possível reduzir a escala em relação ao mapa original. Entretanto, ela jamais deverá ser aumentada, sob pena de perder a confiabilidade do trabalho desenvolvido.

5.2 Estrutura dimensional

A representação de dados cartográficos é tipificada pela sua distribuição espacial. As estruturas dessas informações podem caracterizar-se por diferentes dimensões, a saber:

5 Cartografia temática

- ADIMENSIONAIS (0-D), quando os dados não possuem uma estrutura definida, como, por exemplo, um dado meteorológico qualquer situado em um ponto de coordenadas conhecidas;
- UNIDIMENSIONAIS (1-D), quando os dados possuem apenas uma dimensão definida, como, por exemplo, uma rodovia. Nesse caso, tem-se uma sequência de pontos com coordenadas conhecidas;
- BIDIMENSIONAIS (2-D), quando os dados possuem duas dimensões definidas (x, y), como, por exemplo, a área de uma bacia hidrográfica, em que cada ponto inserido nessa superfície possui coordenadas definidas;
- TRIDIMENSIONAIS (3-D), quando contemplam três dimensões, como, por exemplo, a representação altimétrica de uma área. Nessa situação, além das coordenadas planas da área, tem-se o valor de sua altura, ou seja, é acrescida uma coordenada "z".

5.3 Altimetria

Uma consideração fundamental está relacionada com a altimetria a ser representada em um mapa. O uso de CURVAS DE NÍVEL ou de CORES HIPSOMÉTRICAS para identificar altitudes é o mais aconselhável.

As curvas de nível ou ISOÍPSAS podem ser conceituadas como linhas imaginárias de uma área determinada, as quais unem pontos de mesma altitude, destinadas a retratar no mapa, de forma gráfica e matemática, o comportamento do terreno.

Simplificadamente, pode-se imaginar o traçado das curvas de nível como as seções (fatias) retiradas de um relevo, mantendo-se um espaçamento constante entre elas.

As Figs. 5.3 e 5.4 apresentam, respectivamente, uma forma genérica de concepção da passagem de uma representação tridimensional, contendo um secionamento constante do terreno, para uma representação bidimensional, por meio do desenho das respectivas curvas de nível.

5.4 Construção de mapas temáticos

Como já foi colocado, os mapas temáticos necessitam do uso de outros mapas, que servem de base para a sua confecção, e qualquer

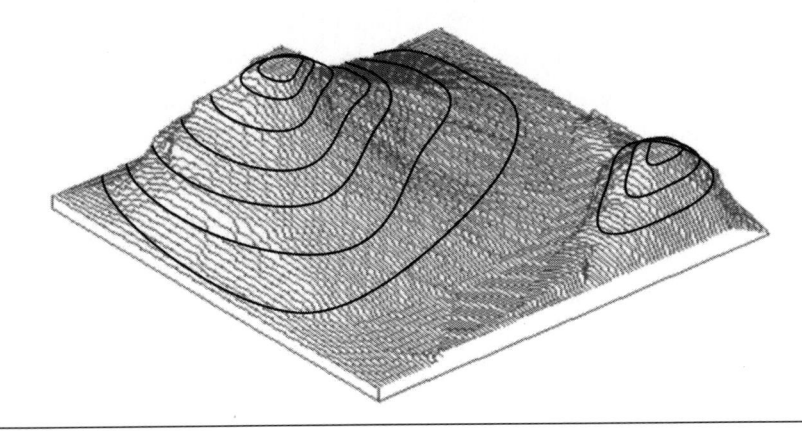

Fig. 5.3 *Representação tridimensional do terreno*

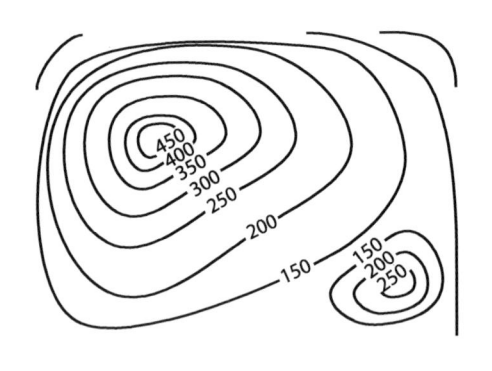

Fig 5.4 *Representação das curvas de nível (isoípsas)*

mapa que apresente informação distinta da mera representação da porção analisada pode ser classificado como temático.

Salienta-se, mais uma vez, que um melhor ou pior produto final nada mais é do que o reflexo dos trabalhos realizados no decorrer de sua construção. A confecção e a decorrente qualidade de mapas técnicos dependem inteiramente da origem dos dados obtidos. Assim, a qualidade de um mapa de solos, geológico ou geomorfológico, por exemplo, estará diretamente vinculada aos trabalhos realizados, desde os primeiros levantamentos feitos em campo, objetivando a sua elaboração. Nesse sentido, é interessante relembrar todas as características que um mapa temático deve conter.

A seguir, a título de ilustração, apresentam-se alguns exemplos de mapas temáticos e suas técnicas de execução. A nomenclatura utilizada procura vincular-se ao tema proposto por cada diferente mapa.

Como o leitor poderá observar ao longo do texto, alguns "mapas" não abrangem a totalidade dos elementos destacados anteriormente. Essas condições serão explanadas no seu devido tempo.

5.4.1 Mapas zonais

Os mapas aqui concebidos como ZONAIS são utilizados quando se necessita apresentar áreas previamente demarcadas, com base em um levantamento de dados.

Os MAPAS ZONAIS são construídos com base em mapas preexistentes que contenham, por exemplo, a divisão política de um Estado, quando são produzidos mapas de regionalização, de concentração populacional, de nível socioeconômico e tantos outros.

Técnica de execução
- escolher o mapa-base mais adequado para a sobreposição dos dados que irão gerar o mapa temático;
- verificar o padrão de cores, as hachuras ou a simbologia que melhor possam ser adaptados ao mapa;
- determinar as convenções a serem utilizadas;
- inserir os dados nas áreas predeterminadas.

A Fig. 5.5 apresenta um mapa contendo a densidade demográfica no Estado do Rio Grande do Sul, construído a partir dos dados do censo de 1991, divulgados pelo IBGE.

5.4.2 Mapas de pontos

Os MAPAS DE PONTOS são utilizados quando se necessita apresentar, de forma visualmente mais agradável, quantidades de determinados elementos.

Por causa de suas características, esses mapas demonstram detalhes de localização muito mais claros e, às vezes, precisos do que quaisquer outros, possibilitando, ainda, uma visão geral de concentração ou de densidade relativa dos dados em função dos pontos representados.

Alguns cuidados devem ser levados em consideração durante a confecção de mapas de pontos, especialmente no que diz respeito à quantidade de pontos a serem representados. Muitos pontos podem, ao mesmo tempo, fornecer maior precisão ao mapa, mas, por outro lado, conferir um excessivo rigorismo, ocasionando dificuldades para sua compreensão.

CARTOGRAFIA BÁSICA

Rio Grande do Sul - Densidade populacional

Convenções –
Densidade Populacional
(hab/km²)

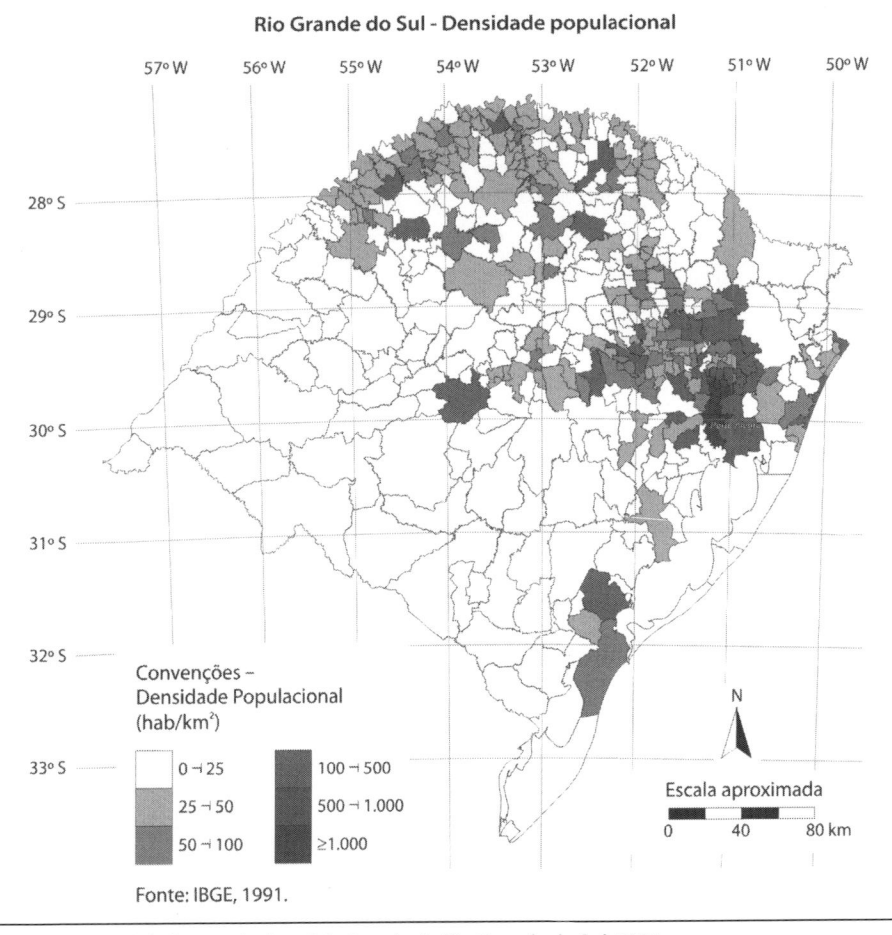

- 0 ⊣ 25
- 25 ⊣ 50
- 50 ⊣ 100
- 100 ⊣ 500
- 500 ⊣ 1.000
- ≥ 1.000

Fonte: IBGE, 1991.

Fig 5.5 *Densidade populacional do Estado do Rio Grande do Sul, 1991*

Técnica de execução

- atribuir um valor para cada ponto a ser representado. Por exemplo, 1 ponto = 100 habitantes;
- determinar o número de pontos a serem desenhados, dado pela divisão do valor do total da área pelo valor atribuído a cada ponto;
- inserir os pontos nos locais determinados.

A Fig. 5.6 mostra um mapa de pontos da localidade fictícia de vila Estrada Velha, que indica uma concentração populacional ao longo da Estrada Velha.

5 Cartografia temática

5.4.3 MAPAS DE CÍRCULOS

Os mapas de círculos são utilizados quando a representação estatística é de maior interesse do que uma representação espacial mais precisa, como no caso dos mapas de pontos.

Técnica de execução
- definir os valores a serem representados, a fim de que se possa ter uma fácil interpretação dessas quantidades;
- calcular o raio (ou diâmetro) do círculo a partir dos valores já definidos, utilizando uma proporção entre as raízes quadradas dos valores a serem representados e do menor desses valores (utiliza-se a raiz quadrada do valor dado em razão de a área de uma circunferência ser dada por $A = \pi R^2$);
- definir a unidade do raio (ou diâmetro) do círculo, de acordo com a escala do mapa ou do próprio dado a ser representado.

Para a realização do mapa, serão utilizados, como exemplo, além do mapa-base das regiões brasileiras, os dados da Tab. 5.1.

Distribuição da população da vila Estrada Velha – 2005

1 ponto = 100 habitantes   Escala 1:1.000

Fig. 5.6 *Mapa de pontos*

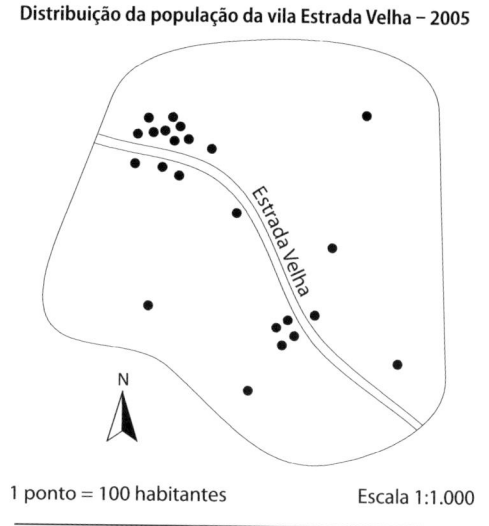

Tab. 5.1 BRASIL: TAXA DE MORTALIDADE INFANTIL (‰) POR REGIÃO (1990)

Região	Homens	Raiz quadrada	Mulheres	Raiz quadrada
Norte	60,3	7,76	45,9	6,77
Nordeste	95,6	9,78	80,6	8,98
Sudeste	37,0	6,08	22,8	4,77
Sul	33,6	5,80	19,6	4,43
Centro-Oeste	40,0	6,32	25,6	5,06

Fonte: adaptado de Anuário Estatístico do Brasil, 1996 apud Sene e Moreira, 1998.

Procedimentos de execução

- utilizando-se a Tab. 5.1, que apresenta a "taxa de mortalidade infantil no Brasil por região", caracteriza-se o menor valor como o de base, ou seja, 19,6;
- extrai-se a raiz quadrada de todos os valores envolvidos (os valores já foram indicados na própria tabela);
- determina-se a relação entre as raízes quadradas dos maiores valores da tabela e da raiz quadrada do menor:

   9,78 ÷ 4,43 = 2,21
   8,98 ÷ 4,43 = 2,03
   7,76 ÷ 4,43 = 1,75
   6,77 ÷ 4,43 = 1,53
   6,32 ÷ 4,43 = 1,43
   6,08 ÷ 4,43 = 1,37
   5,80 ÷ 4,43 = 1,31
   5,06 ÷ 4,43 = 1,14
   4,77 ÷ 4,43 = 1,08v

- com os valores definidos, calcula-se, a partir do valor de base (nesse caso, 19,6), o diâmetro (ou raio) do círculo, de acordo com a escala do mapa. Atribui-se à base, então, um valor escalar facilmente identificável (no exemplo, para uma taxa de mortalidade de 19,6‰, usou-se 1,96 cm). Para as demais taxas, multiplicam-se os valores encontrados no passo três pelo valor tomado por base, estabelecendo-se as seguintes relações:

   19,6‰ → 1,96 cm
   22,8‰ → 1,96 cm × 1,08 = 2,12 cm
   25,6‰ → 1,96 cm × 1,14 = 2,23 cm
   33,6‰ → 1,96 cm × 1,31 = 2,57 cm
   37,0‰ → 1,96 cm × 1,37 = 2,68 cm
   40,0‰ → 1,96 cm × 1,43 = 2,80 cm
   45,9‰ → 1,96 cm × 1,53 = 3,00 cm
   60,3‰ → 1,96 cm × 1,75 = 3,43 cm
   80,6‰ → 1,96 cm × 2,03 = 3,98 cm
   95,6‰ → 1,96 cm × 2,21 = 4,33 cm

O mapa resultante dessa composição pode ser observado na Fig. 5.7.

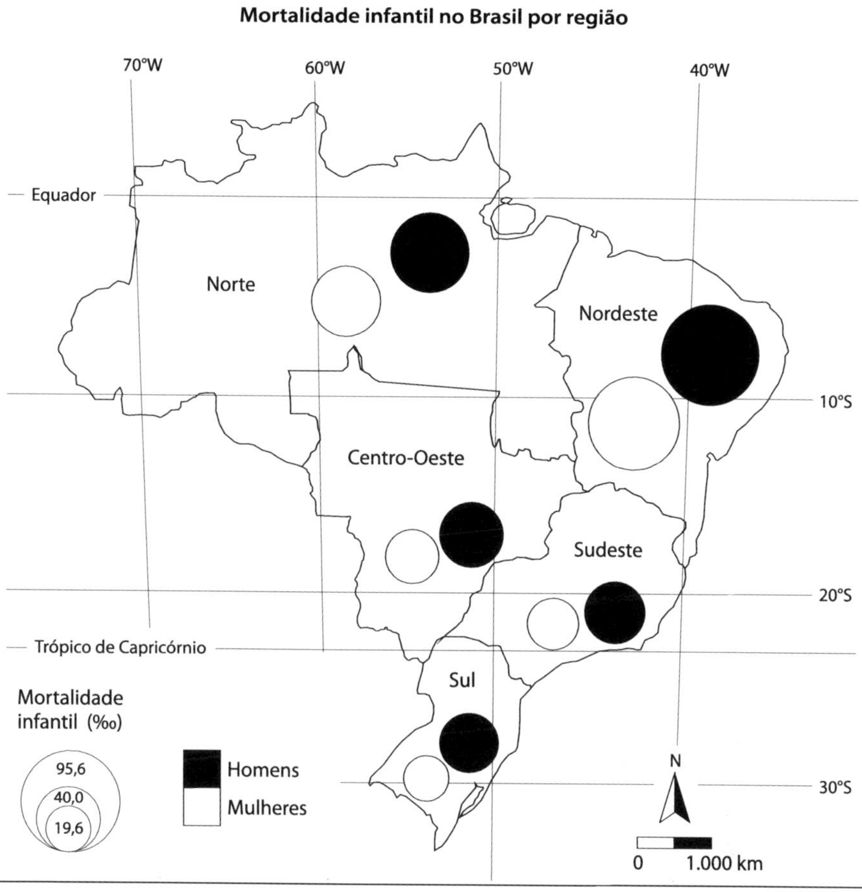

5 Cartografia temática

Mortalidade infantil no Brasil por região

Fig. 5.7 *Mapa de círculos contendo o índice de mortalidade infantil no Brasil por região*
Fonte: adaptado de Anuário Estatístico do Brasil, 1996 apud Sene e Moreira, 1998.

5.4.4 Mapas de isolinhas

Os mapas de isolinhas são fundamentais para a construção de modelos numéricos que normalmente são associados a terrenos, como no caso das ISOÍPSAS, ou CURVAS DE NÍVEL.

As CURVAS MESTRAS, normalmente mais precisas, obtidas pela interpolação de pontos cotados, possuem numeração aparente de 100 m em 100 m. A equidistância entre as CURVAS INTERMEDIÁRIAS, em geral resultantes da interpolação das curvas mestras, varia de acordo com a escala do mapa utilizado: para uma escala 1:50.000, a equidistância é de 20 m; para uma escala 1:100.000, é de 40 m, e assim por diante. Para melhorar a visualização, no caso de grandes escalas, são utilizadas curvas auxiliares, com tracejado descontínuo e equidistância de 50 m.

Salienta-se, igualmente, a existência de outras formas de representação de mapas de isolinhas.

Tem-se, dessa forma, ISOTERMAS (linhas com mesmas temperaturas), ISÓBARAS (linhas com mesmas pressões), ISOIETAS (linhas com mesmas precipitações pluviais), ISÓPAGAS (linhas com mesmos índices de geadas), e assim por diante.

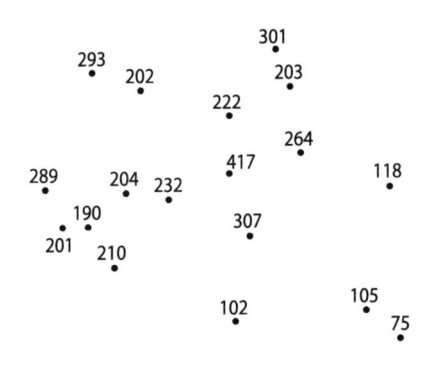

Fig. 5.8 *Pontos distribuídos em uma área determinada*

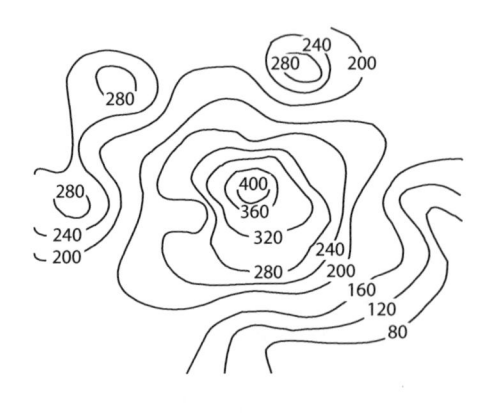

Fig. 5.9 *Isolinhas construídas por meio da interpolação dos pontos apresentados na Fig. 5.8*

Técnica de construção

- fazer um levantamento de dados pontuais com coordenadas conhecidas;
- transferir os dados coletados para um mapa (Fig. 5.8);
- estabelecer a amplitude máxima entre os valores dos dados;
- determinar as classes a serem representadas;
- traçar, por algum método de interpolação, a isolinha estabelecida pela classe calculada (Fig. 5.9).

O método de construção, mostrado aqui de forma bastante simplificada, também é utilizado por alguns programas que trabalham com computação gráfica e geoprocessamento. Em se tratando de um exemplo fictício, desconsiderou-se a inclusão dos elementos obrigatórios constituintes de um mapa temático.

Tais mapas são amplamente utilizados em geoprocessamento pela

5 Cartografia temática

possibilidade de se produzir Modelos Numéricos de Terreno (MNT) ou Modelos Digitais do Terreno (MDT).

5.4.5 MAPAS DE FLUXO

Os MAPAS DE FLUXO são empregados quando o objetivo principal é a identificação de movimentos em uma região. Assim, deslocamentos de população, fluxos de turismo, rotas de modais de transporte, migração de animais e tantas outras movimentações podem bem ser representadas nessa modalidade de mapas.

A representação gráfica utilizada se dá sob a forma de linhas – em geral, setas – com espessura variada, para determinar os fluxos realizados entre diferentes locais e suas proporções.

Em boa parte das vezes, como mapa-base, utilizam-se mapas com a divisão política para essa forma de representação. Entretanto, podem ser utilizados diagramas esquemáticos, em vez de mapas, propriamente. Fluxos de trens metropolitanos, por exemplo, utilizam-se muitas vezes desse tipo de representação.

Técnica de execução
- verificar o maior e o menor valor dos dados disponíveis;
- atribuir um valor para cada linha a ser representada. Uma linha com espessura de 1 mm, por exemplo, pode equivaler a 10 unidades; uma linha com espessura de 5 mm pode equivaler a 50 unidades, e assim por diante;
- verificar, no mapa-base, os pontos de saída e de chegada dos fluxos a serem representados, tendo o cuidado de produzir o menor número de cruzamentos possível;
- desenhar as linhas no mapa respectivo.

A Fig. 5.10 apresenta uma simulação do fluxo de exportação/

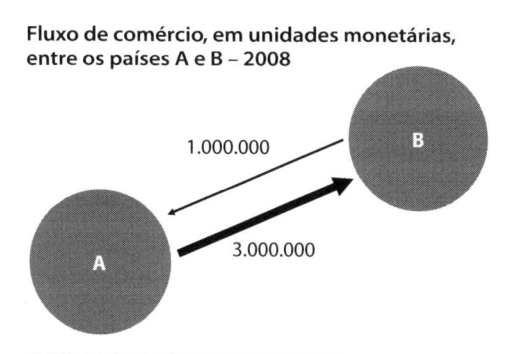

Fig. 5.10 *Mapa de fluxo de exportação/importação entre os países A e B, em unidades monetárias*

importação entre os países fictícios A e B. O destino da seta indica o unitário de importação pelo país representado. Assim, o país A exporta 3 milhões em unidades monetárias para o país B e importa deste 1 milhão. Observa-se que a representação utilizada não se vincula necessariamente a um mapa, mas pode apresentar-se de forma esquemática, conforme o exemplo.

Localização de Pontos 6

Com o intuito de determinar a localização precisa de pontos na sua superfície, pode-se dividir a Terra em partes iguais, denominadas hemisférios, conforme se observa na Fig. 6.1.

De acordo com o sistema de convenções adotado, o HEMISFÉRIO NORTE localiza-se ao norte da linha do equador; o HEMISFÉRIO SUL, ao sul dessa mesma linha; o HEMISFÉRIO OCIDENTAL, a oeste do meridiano considerado como padrão, GREENWICH; e, finalmente, o HEMISFÉRIO ORIENTAL, a leste desse mesmo meridiano. O Meridiano de Greenwich, que passa sobre a cidade de Londres, Inglaterra, foi escolhido como Meridiano Internacional de Referência em 1962, durante a Conferência da Carta Internacional do Mundo ao Milionésimo, em Bonn, Alemanha.

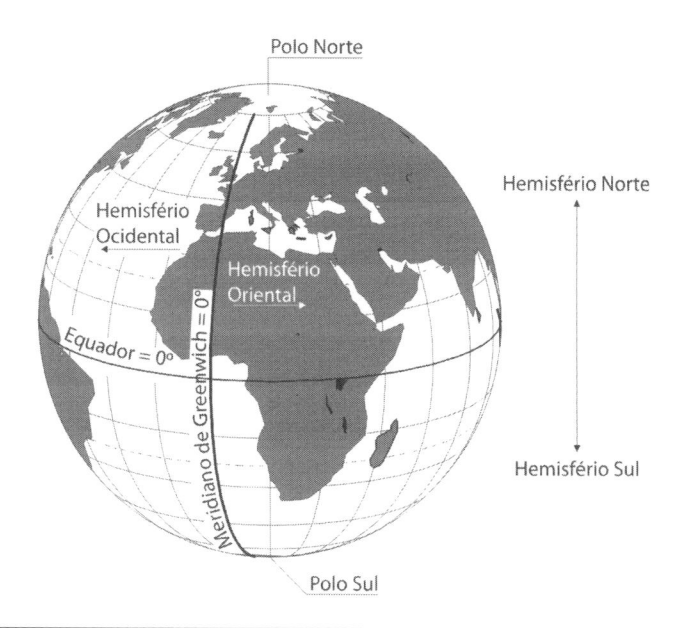

Fig. 6.1 *Hemisférios da Terra*

6.1 Meridianos e paralelos

As considerações apresentadas introduzem, intrinsecamente, dois conceitos:

- Meridiano, ou seja, cada um dos círculos máximos que cortam a Terra em duas partes iguais, que passam pelos polos Norte e Sul e cruzam-se entre si, nesses pontos, semelhantemente aos gomos de uma laranja;
- Paralelo, que representaria cada um dos cortes horizontais feitos na referida "laranja", ou seja, cada círculo que corta a Terra, perpendicularmente em relação aos meridianos. Pode-se concluir, então, que o equador é o único paralelo tido como círculo máximo.

6.2 Latitude e longitude

Por outro lado, outros dois importantes conceitos merecem ser agregados. São eles:

- Latitude de um ponto, ou seja, a distância angular entre o plano do equador e um ponto na superfície da Terra, unido perpendicularmente ao centro do Planeta, representado pela letra grega *fi* (φ), com variação entre 0° e 90°, nas direções norte ou sul;
- Longitude, isto é, o ângulo formado entre o ponto considerado e o meridiano de origem (normalmente, Greenwich = 0°), com variação entre 0° e 180°, nas direções leste ou oeste desse meridiano, representado pela letra grega *lambda* (λ).

A Fig. 6.2 mostra uma representação dos conceitos acima.

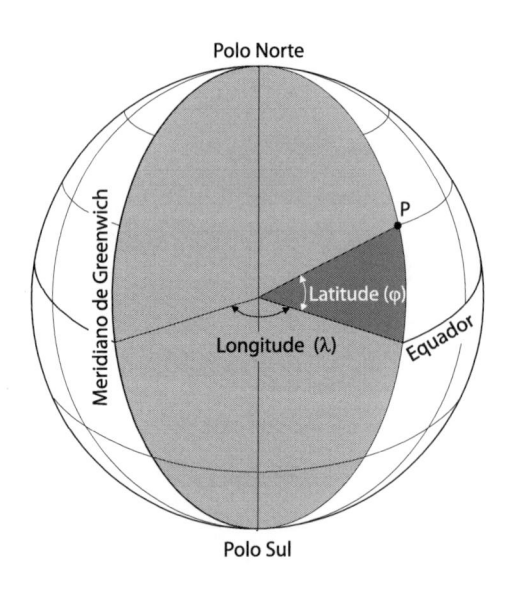

Fig. 6.2 *Latitude e longitude*

6.3 SISTEMAS DE COORDENADAS

A sistemática de divisão do Planeta apresentada anteriormente é utilizada, na prática, para a localização precisa de pontos sobre a superfície da Terra.

Para sua efetivação, usa-se um SISTEMA DE COORDENADAS que possibilita, por meio de valores angulares (coordenadas esféricas) ou lineares (coordenadas planas), o posicionamento de um ponto em um sistema de referência.

Neste livro, utilizaremos dois sistemas de coordenadas dos mais utilizados, o sistema de coordenadas geográficas, baseado em coordenadas geodésicas, e o sistema UTM, baseado em coordenadas plano-retangulares.

6.3.1 SISTEMA DE COORDENADAS GEOGRÁFICAS

A forma mais usual para a representação de coordenadas em um mapa se dá com a aplicação de um sistema sexagesimal, denominado SISTEMA DE COORDENADAS GEOGRÁFICAS. Os valores dos pontos localizados na superfície terrestre são expressos por suas coordenadas geográficas, LATITUDE e LONGITUDE, contendo unidades de medida angular, ou seja, graus (º), minutos (') e segundos (").

As COORDENADAS GEOGRÁFICAS localizam, de forma direta, qualquer ponto sobre a superfície terrestre, não havendo necessidade de qualquer outra indicação complementar, como no caso das COORDENADAS UTM. Para isso, basta ser colocado, junto ao valor de cada coordenada, o hemisfério correspondente: N ou S, para a coordenada Norte ou Sul, e E ou W, para a coordenada Leste ou Oeste, respectivamente E de *East* (leste) e W de *West* (oeste), podendo-se também utilizar L para Leste e O para Oeste. Pode-se utilizar, igualmente, os sinais + ou - para a indicação das coordenadas: N e E sinal positivo, e S e W sinal negativo. Resumindo, quando o ponto estiver localizado ao sul do equador, a leitura da latitude será negativa, e ao norte, positiva.

Já com relação à longitude, quando o ponto estiver a oeste de Greenwich, seu valor será negativo, e a leste, positivo.

Para exemplificar, tem-se o caso do município de Arroio do Meio, no Estado do Rio Grande do Sul. De acordo com o IBGE, para efeitos de localização, esse município situa-se nas coordenadas λ = 51°56'24"WGr (lê-se: cinquenta e um graus, cinquenta e seis minutos e vinte e quatro segundos de longitude oeste, ou, a oeste de Greenwich), ou ainda, λ = -51°56'24", e φ = 29°24'S (lê-se: vinte e nove graus e vinte e quatro minutos de latitude sul, ou, ao sul do equador), ou então, da forma φ = -29°24'.

A Fig. 6.3 apresenta uma reprodução do canto inferior esquerdo da carta SH.22-V-D-VI-4. Nela podem ser identificadas as coordenadas geográficas -30°00' e -51°15'. Esses valores indicam, respectivamente, TRINTA GRAUS DE LATITUDE SUL E CINQUENTA E UM GRAUS E QUINZE MINUTOS DE LONGITUDE OESTE.

Em geral, em uma escala 1:50.000, enquanto as coordenadas planas são expostas em quadrículas com intervalo de 2.000 m, as coordenadas geográficas são apresentadas em intervalos de 5'. A reprodução a seguir pode não expressar exatamente os valores corretos relacionados à escala, por causa de possíveis distorções provocadas pela impressão deste livro.

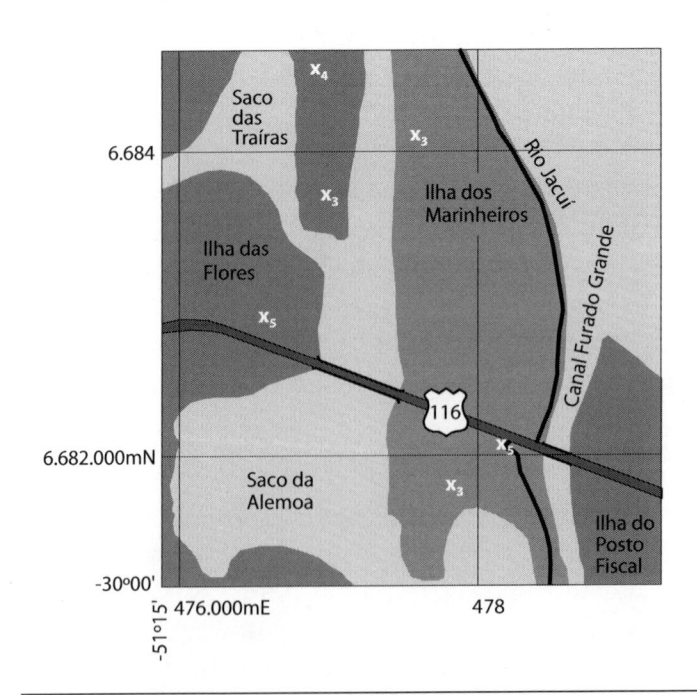

Fig. 6.3 *Reprodução do canto inferior esquerdo da carta SH.22-V-D-VI-4*

6.3.2 Sistema Universal Transversal de Mercator (UTM)

A projeção do belga Gerhard Kremer, conhecido como Mercator, publicada em 1569, possibilitou um enorme avanço na cartografia de sua época, em virtude de sua construção – que conseguiu trabalhar com paralelos retos e meridianos retos e equidistantes –, e é utilizada até hoje. Essa projeção originou um sistema largamente aplicado em trabalhos cartográficos, sistema este conhecido como Sistema Universal Transversal de Mercator (UTM).

O sistema UTM adota uma projeção do tipo cilíndrica, transversal e secante ao globo terrestre. Ele possui sessenta fusos (zonas delimitadas por dois meridianos consecutivos), cada um com seis graus de amplitude, contados a partir do antimeridiano de Greenwich, no sentido oeste-leste, em coincidência com os fusos da CIM, percorrendo a circunferência do globo até voltar ao ponto de origem. Os limites de mapeamento são os paralelos 80°S e 84°N, a partir dos quais se utiliza uma projeção estereográfica polar.

Esse sistema adota coordenadas métricas planas ou plano-retangulares, com características específicas que aparecem nas margens das cartas, acompanhando uma rede de quadrículas planas.

O cruzamento do equador com um meridiano padrão específico, denominado Meridiano Central (MC), é a origem desse sistema de coordenadas. Os valores das coordenadas obedecem a uma sistemática de numeração, a qual estabelece um valor de 10.000.000 m (dez milhões de metros) sobre o equador e de 500.000 m (quinhentos mil metros) sobre o MC. As coordenadas lidas a partir do eixo N (norte-sul) de referência, localizado sobre o equador terrestre, vão se reduzindo no sentido sul do equador. As coordenadas do eixo E (leste-oeste), contadas a partir do MC de referência, possuem valores crescentes no sentido leste e decrescentes no sentido oeste.

Por ser constituído por uma projeção secante, no meridiano central tem-se um fator de deformação de escala $\kappa = 0,9996$ em relação às linhas de secância, em que $\kappa = 1$, que indicam os únicos pontos sem deformação linear. Como há um crescimento progressivo após a passagem pelas linhas de secância, grandes problemas de ajustes podem vir a ocorrer em trabalhos que utilizem cartas adjacentes ou

FRONTEIRIÇAS, ou seja, cartas consecutivas com MC diferentes. Assim, uma estrada situada em um determinado local numa carta pode aparecer bastante deslocada na folha adjacente.

Para uma descrição eficaz a respeito da localização de pontos sobre a superfície terrestre, deve-se acrescentar ou o fuso ao qual se está referindo, ou o valor de seu meridiano central.

A Fig. 6.3 mostra uma reprodução do canto inferior esquerdo da carta SH.22-V-D-VI-4, na escala 1:50.000, apresentando as coordenadas planas (sistema UTM) 6.682.000 mN, na linha horizontal, e 476.000 mE, na linha vertical. Nessa figura, a COORDENADA 6.682.000 mN indica que o ponto está a 10.000.000 m - 6.682.000 m = 3.318.000 m do equador, e a coordenada 476.000 mE estabelece um ponto distante 500.000 m - 476.000 m = 24.000 m do MC. As coordenadas 6.684 e 478, localizadas, respectivamente, acima e à direita desses pontos, representam, abreviadamente, as próprias coordenadas 6.684.000 mN e 478.000 mE. Essas observações permitem verificar que as coordenadas crescem no sentido sul-norte e decrescem no sentido leste-oeste. Constata-se, igualmente, que cada quadrícula dessa carta possui 2.000 m de lado, ou seja, uma área de 2.000 m × 2.000 m = 4.000.000 m², isto é, 2 km × 2 km = 4 km².

6.4 Localização de pontos em um mapa

A determinação das coordenadas de um ponto qualquer em um mapa pode ser obtida de forma razoavelmente simplificada, a partir da realização de uma regra de três simples, com o uso de régua comum.

A Fig. 6.4 apresenta a forma de uso de uma régua em uma carta topográfica.

6.4.1 Cálculo das coordenadas geográficas

Para o cálculo das COORDENADAS GEOGRÁFICAS do ponto "X" da Fig. 6.4, deve-se proceder da seguinte forma (desconsiderando as possíveis distorções provocadas na régua por causa da impressão no papel):

6 Localização de pontos

- observa-se a distância angular entre as gratículas (10°, no exemplo apresentado, em ambos os sentidos, norte-sul e leste-oeste);
- coloca-se a régua, fazendo coincidir o zero com um meridiano de referência, e mede-se a distância, em milímetros (ou em outra unidade de medida conveniente), entre dois meridianos consecutivos de uma gratícula que abranja o ponto em que se deseja obter as coordenadas. No caso apresentado, a distância medida foi de 50 mm (pode ter havido alguma alteração para a sua composição na página impressa). Essa medição deve ser realizada colocando-se a régua sobre o ponto a ser mensurado, a fim de evitar possíveis distorções;

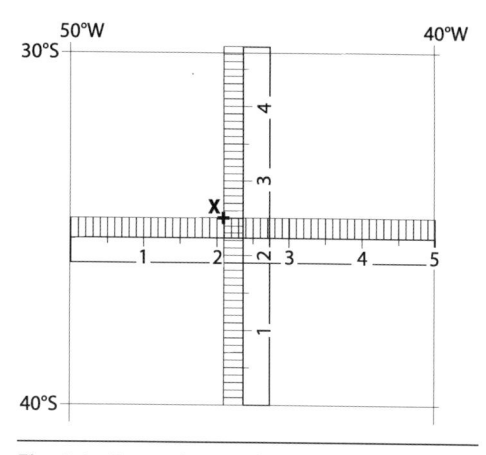

Fig. 6.4 Determinação das coordenadas geográficas do ponto X

- da mesma forma, mede-se a distância entre o ponto "X" considerado e o meridiano de referência. No exemplo, a medida realizada, na direção horizontal, apresentou 21 mm desde o meridiano de 50°W até o ponto "X". Como temos, entre os meridianos representados pelos valores 40°W e 50°W, 10° de amplitude, ou 50 mm, chegaremos, com base em uma regra de três simples, a um total de 4,2° de amplitude entre o ponto "X" e o meridiano de referência, de 50°W (21 mm × 10° ÷ 50 mm = 4,2°). Então, essa coordenada "X" (em relação ao "eixo horizontal" representado, um paralelo) terá o valor da coordenada apresentada por aquela que representa o meridiano imediatamente anterior ao ponto, descontando-se a distância calculada, em graus. O resultado, finalmente, será de 45,8°W (50° - 4,2° = 45,8°). A fim de facilitar a compreensão, a representação de uma coordenada deve ser, preferencialmente, fornecida no sistema sexagesimal. Para tal, deve-se transformar esse valor, novamente usando a regra de três simples, da seguinte forma:

- a porção inteira permanece como está, ou seja, 45°;
- a porção decimal (0,8°) deve ser convertida para minutos e segundos. Assim, como 1° corresponde a 60', os 0,8° restantes corresponderão a 48', isto é, 0,8° × 60' ÷ 1° = 48'. Como o valor encontrado não possui casas decimais, o cálculo termina por aqui;
- a coordenada de longitude do ponto "X" será, então, dada pela agregação das partes convertidas, ou seja, 45°48' W.

Procedimento semelhante deve ser realizado em relação aos paralelos, distanciados igualmente, no exemplo, de 10° um do outro. Para o cálculo da coordenada situada no ponto "X":

- mede-se a distância entre ele e o paralelo imediatamente inferior a esse ponto, de 40°S. Obtêm-se exatamente 25 mm. A distância entre os paralelos 30°S e 40°S (amplitude de 10°), no exemplo, é de 47 mm. Fazendo-se a regra de três, teremos: 25 mm × 10° ÷ 47 mm = 5,319148936°. Procedendo dessa maneira, será identificada a coordenada do ponto, que é calculada subtraindo-se os 40°S dos 5,319148936° calculados, ou seja, 34,680851064°S. Como já foi colocado, a representação de uma coordenada deve ser, preferencialmente, fornecida no sistema sexagesimal, transformando esse valor a partir de regras de três simples:
- a porção inteira permanece como está, ou seja, 34°;
- a porção decimal (0,680851064°) deve ser convertida para minutos e segundos. Assim, como 1° corresponde a 60', os 0,680851064° restantes corresponderão a 40,85106384' (0,680851064° × 60' ÷ 1° = 40,85106384'). Novamente, separa-se a porção inteira encontrada (40') da decimal (0,85106384') e transforma-se esta última em segundos (1' = 60") ÷ 0,85106384' × 60" ÷ 1' = 51,0638304";
- a coordenada de latitude do ponto "X" será dada, então, pela agregação das partes convertidas; portanto, 34°40'51,0638304"S;
- finalmente, as coordenadas serão dadas por: LONGITUDE: 45°48'W; LATITUDE: 34°40'51,06"S.

6 Localização de pontos

6.4.2 Cálculo das coordenadas UTM

Utilizando o mesmo princípio apresentado para o cálculo das coordenadas geográficas, pode-se calcular as COORDENADAS UTM de um ponto qualquer de um mapa.

Como exemplo, serão calculadas as coordenadas do ponto A apresentado na Fig. 6.5.

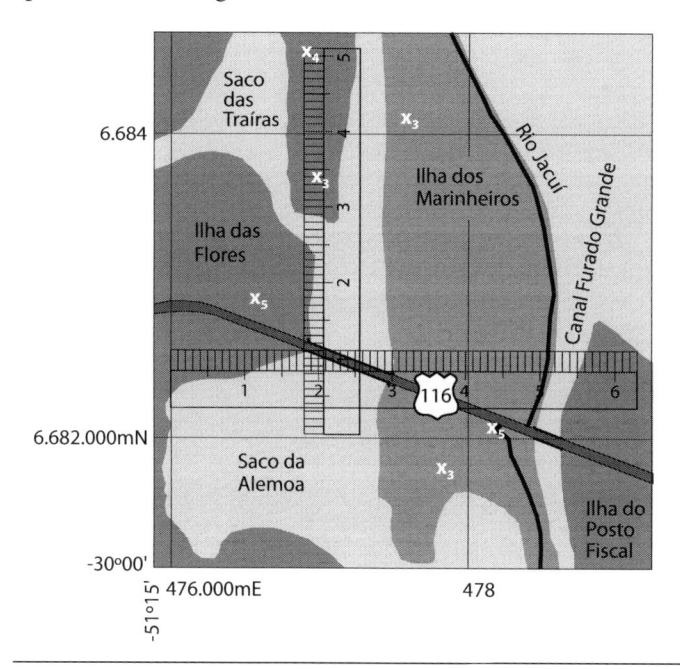

Fig. 6.5 *Determinação das coordenadas UTM*

Para a realização do cálculo, procede-se da seguinte forma:
- coincide-se o zero da régua com a linha da quadrícula exatamente anterior ao ponto "A", e mede-se a distância até esse ponto. No exemplo, a medida realizada apresentou 18 mm desde a linha correspondente a 476.000 m até o ponto "A". Sabendo que a carta apresentada está na escala 1:50.000, o que faz com que cada milímetro medido no mapa corresponda a 50 m na realidade, teremos um total de 900 m (18 mm × 50 m = 900 m) desde a linha até o ponto "A" considerado. Dessa forma, essa coordenada "E" (eixo horizontal) apresentará o valor da coordenada indicada pela quadrícula imediatamente anterior ao

ponto, acrescida da distância medida, perfazendo um total de 476.900 m (476.000 m + 900 m = 476.900 m);
- o mesmo procedimento deve ser utilizado para a coordenada "N" (eixo vertical). Assim, para a distância entre a linha imediatamente inferior ao ponto "A" (6.682.000 m), obtêm-se exatamente 11 mm, ou seja, considerando-se a escala 1:50.000, um total de 550 m na realidade (11 mm × 50 m). Acrescendo-se esse valor ao da coordenada da linha (quadrícula) anterior considerada, teremos 6.682.550 m (6.682.000 m + 550 m = 6.682.550 m).
- por fim, as coordenadas do ponto "A" serão: COORDENADA E: 476.900 mE; COORDENADA N: 6.682.550 mN.

6.5 Obtenção das coordenadas em campo

Em campo, as coordenadas de um ponto poderão ser obtidas, por exemplo, por meio de LEVANTAMENTOS TOPOGRÁFICOS ou, mais recentemente, pelo uso de sofisticados equipamentos que realizam leitura a partir de satélites, com precisões diversas, conhecidos como SISTEMAS DE POSICIONAMENTO POR SATÉLITE.

6.5.1 Levantamentos topográficos

No caso da topografia tradicional, pode-se obter as coordenadas de pontos determinados utilizando equipamentos de precisão excepcional.

Os levantamentos topográficos são próprios para gerar cartas topográficas de escalas maiores do que 1:5.000, sendo inadequados, entretanto, para mapear grandes áreas (em escalas pequenas), por causa da relação custo-benefício, ditada principalmente pelo valor dos equipamentos, bem como da mão de obra do pessoal envolvido.

Triangulação

A triangulação é um método de levantamento em que as coordenadas são obtidas por meio do transporte de coordenadas preestabelecidas (conhecidas), fazendo-se a leitura de ângulos horizontais entre duas estações usadas como base para um terceiro ponto de visada, e assim por diante.

6 Localização de pontos

A Fig. 6.6 apresenta, de forma bastante simplificada, um esquema do desenvolvimento desse processo.

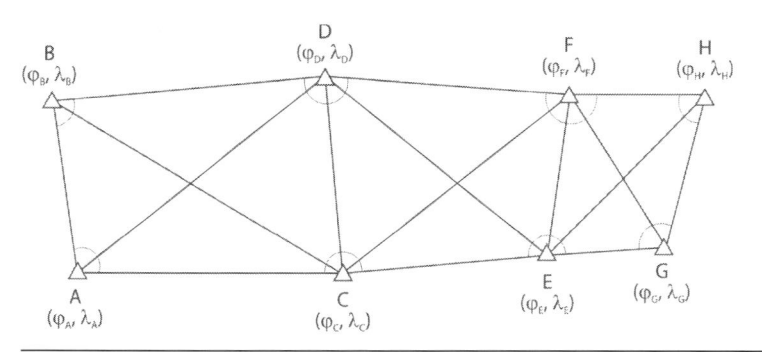

Fig. 6.6 *Desenvolvimento de uma triangulação desde o alinhamento AB até o alinhamento GH*

Poligonação

Neste processo, as coordenadas dos pontos são obtidas pelo uso de poligonais (comprimentos e direções de linhas no terreno), com a medição de ângulos e distâncias, conforme é apresentado na Fig. 6.7.

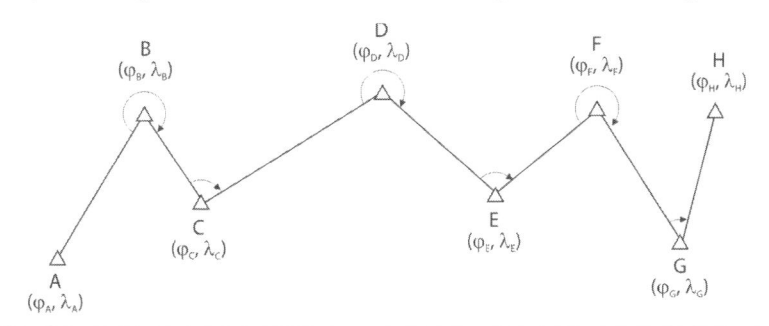

Fig. 6.7 *Desenvolvimento de uma poligonal desde o ponto A (φ_A, λ_A) até o ponto H (φ_H, λ_H)*

6.5.2 Sistemas de Posicionamento por Satélite

Outra forma de obtenção de coordenadas geográficas em campo se dá pelo uso de sistemas de posicionamento por satélite. Os sistemas em operação utilizados para esse fim – GPS (Global Position System), Glonass (Global Navigation Satellite System), além do sistema europeu Galileo, lançado em 2005 – são baseados no recebimento de dados em terra via satélite.

Sistema de Posicionamento Global (GPS)

O GPS, o mais utilizado no Brasil, foi concebido nos EUA com fins militares, mas acabou se disseminando pelo mundo, constituindo-se, atualmente, como uma ferramenta de enorme utilidade para os mais diversos fins.

Nesse sistema, dezenas de satélites que descrevem órbitas circulares inclinadas em relação ao plano do equador, com duração de 12 horas siderais, numa altura de cerca de 20.200 km em relação à superfície terrestre, enviam sinais de posicionamento que são capturados por um ou mais receptores GPS disponíveis no terreno.

As leituras instantâneas das coordenadas geográficas e da altitude de um ponto são realizadas por um processo semelhante à triangulação, por meio da busca dos quatro satélites melhor posicionados em relação a esses aparelhos. Como esse processo se baseia considerando a superfície terrestre como estática, pode-se incorrer em alguns pequenos erros de posicionamento ao longo dos tempos, como, por exemplo – considerando-se o movimento das placas tectônicas –, de alguns centímetros por ano.

As coordenadas podem ser lidas de duas formas básicas:

- POSICIONAMENTO ABSOLUTO, em que se utiliza apenas um receptor GPS para a realização das leituras, de forma isolada, quando não se exige grande precisão. É utilizado nos processos de navegação em geral, como em embarcações, automóveis e levantamentos expeditos realizados em campo, quando não se exigem maiores precisões.
- POSICIONAMENTO RELATIVO, quando se utilizam pelo menos duas estações de trabalho que fazem a leitura simultânea dos mesmos satélites. No caso do uso de dois aparelhos, um deles, que deve estar sobre uma estação de referência em que as coordenadas são conhecidas, serve para corrigir os erros provocados pela interferência gerada nas transmissões; o outro é utilizado para a realização das leituras necessárias ao levantamento. (O governo dos Estados Unidos, por exemplo, resolveu retirar, em 1º de maio de 2000, o ruído ou interferência que propositalmente havia colocado nas transmissões dos satélites a

fim de dificultar a recepção dos sinais GPS. Assim, salvo seja retomada essa condição, considera-se como ruído somente a atuação da atmosfera terrestre.)

Como os dois receptores leem os mesmos dados, no mesmo instante, é possível estabelecer uma relação entre as leituras e efetuar um ajuste ou uma CORREÇÃO DIFERENCIAL com o auxílio de um programa específico, geralmente fornecido pela empresa fabricante dos aparelhos. Essa forma de utilização é indispensável quando se requer grandes precisões – maiores do que o método absoluto –, sendo utilizado um aparelho GEODÉSICO de grande precisão, que é montado em uma estação fixa, com coordenadas conhecidas. Estações fixas de rastreamento contínuo – SISTEMA DIFFERENTIAL GPS (DGPS) – fornecem dados para os usuários realizarem essa correção.

A Fig. 6.8 apresenta o caminhamento realizado entre o ponto A (φ_A, λ_A) e o ponto G (φ_G, λ_G), contendo outros tantos levantados com o uso de um GPS móvel em relação ao GPS localizado em um ponto de coordenadas conhecidas H (φ_H, λ_H).

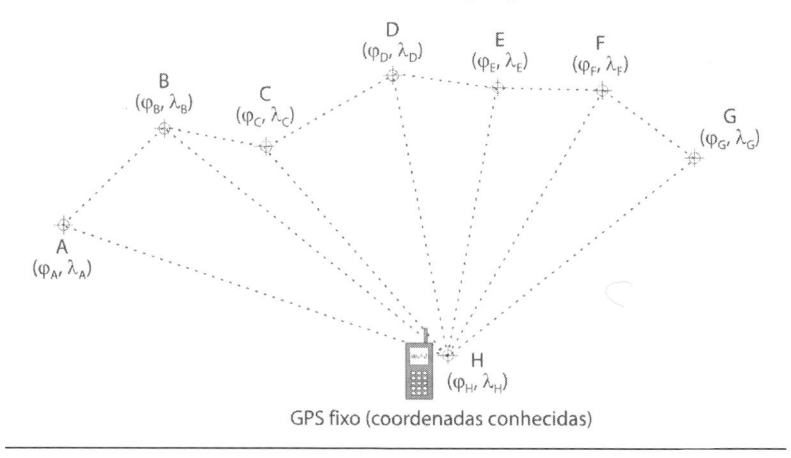

Fig. 6.8 *Caminhamento realizado com receptor GPS desde o ponto A (φ_A, λ_A) até o ponto G (φ_G, λ_G), com correção diferencial em relação ao ponto H (φ_H, λ_H)*

Classificação dos receptores GPS

Os receptores GPS podem ser classificados em quatro categorias principais, conforme sua precisão, de acordo com as características apresentadas pelos fabricantes:

- DE NAVEGAÇÃO, que geralmente utilizam o método absoluto de busca, ou seja, com leituras simples e diretas. Sua precisão planimétrica varia entre 50 m e 100 m.
- MÉTRICOS, que geralmente trabalham com o método relativo de busca, cuja precisão varia de 1 m a 10 m.
- SUBMÉTRICOS, que atuam com o modo relativo de busca, com precisão variando de 0,2 m até 1 m.
- GEODÉSICOS, que somente utilizam o método relativo para busca de informações, atingindo enorme precisão de 0,1 m a 0,002 m.

Fusos horários 7

Uma ocorrência bastante comum diz respeito à confusão entre as diversas conceituações envolvendo fusos.

Enquanto os FUSOS DO SISTEMA UTM estão relacionados às convenções da CIM, ou seja, sessenta zonas ou fusos com seis graus de amplitude cada, os FUSOS HORÁRIOS vinculam-se ao período de rotação do Planeta.

Os FUSOS HORÁRIOS podem ser definidos como as zonas delimitadas por dois meridianos consecutivos da superfície terrestre, cuja HORA LEGAL, por convenção, é a mesma.

7.1 Hora local, hora legal e hora de aproveitamento da luz diurna

O conceito de HORA LEGAL ou HORA OFICIAL, ou seja, o intervalo de tempo considerado por um país como igual para um determinado fuso, refere-se a uma zona demarcada politicamente por uma nação. Assim, a HORA LEGAL ou HORA OFICIAL pode variar de país para país, ou mesmo dentro do próprio território que o delimita.

Já a HORA LOCAL é aquela referida a um meridiano local específico. Esse horário é determinado de forma que, quando o Sol estiver exatamente sobre o meridiano escolhido, ao "meio-dia", ajustam-se os relógios para marcarem 12 horas. Pode-se dizer, assim, que cada ponto localizado sobre a superfície terrestre possui uma hora diferente de qualquer outro situado em um meridiano que não fora o escolhido inicialmente como padrão.

Outro horário largamente utilizado é o HORÁRIO DE VERÃO, também conhecido como HORA ou HORÁRIO DE APROVEITAMENTO DA LUZ DIURNA, adotado há bastante tempo em diversos países – nos Estados Unidos, por exemplo, foi adotado durante a Primeira Guerra Mundial

(Strahler; Strahler, 1994). Essa forma de interferir nos horários ditos "normais" trata do melhor aproveitamento da luz solar no período de verão, pelo simples adiantamento, normalmente de uma hora, o que possibilita uma redução significativa no consumo de energia elétrica.

7.2 Meridiano Internacional de Origem e Linha Internacional de Mudança de Data

Como pode ser observado, a definição dos fusos horários parte de uma premissa física bem definida.

Desprezando-se maiores precisões, pode-se estabelecer a seguinte situação:

- esfera terrestre com 360°;
- movimento de rotação da Terra com duração de 24 horas (para simplificar);
- Então: 360° ÷ 24h = 15°/h, ou seja, CADA UM DOS 24 FUSOS HORÁRIOS TERÁ 15° DE AMPLITUDE.

Os fusos horários estão referidos ao Meridiano de Greenwich ou Meridiano Internacional de Origem (meridiano que passa sobre o antigo Observatório Real de Greenwich, em um subúrbio a leste de Londres), cuja longitude é de zero grau, e ao seu antimeridiano, a 180° deste, sobre o qual se localiza a Linha Internacional de Mudança de Data ou, simplesmente, Linha Internacional de Data. Os fusos horários são numerados de 1 a 12, a partir do meridiano de origem, com sinal positivo para leste, quando as horas estão adiantadas em relação à origem, e sinal negativo para oeste, quando as horas estão atrasadas em relação à Greenwich.

Como cada um dos 24 fusos possui amplitude de 15°, tem-se que, por exemplo, o primeiro fuso de 0° de longitude, sobre o meridiano de Greenwich, terá 7°30' na direção leste e 7°30' na direção oeste. Sendo assim, sempre se deverá considerar, para efeito de cálculos de horas, essa amplitude de 7°30' para cada lado do meridiano considerado. A Fig. 7.1 apresenta uma simplificação dessa situação.

7 Fusos horários

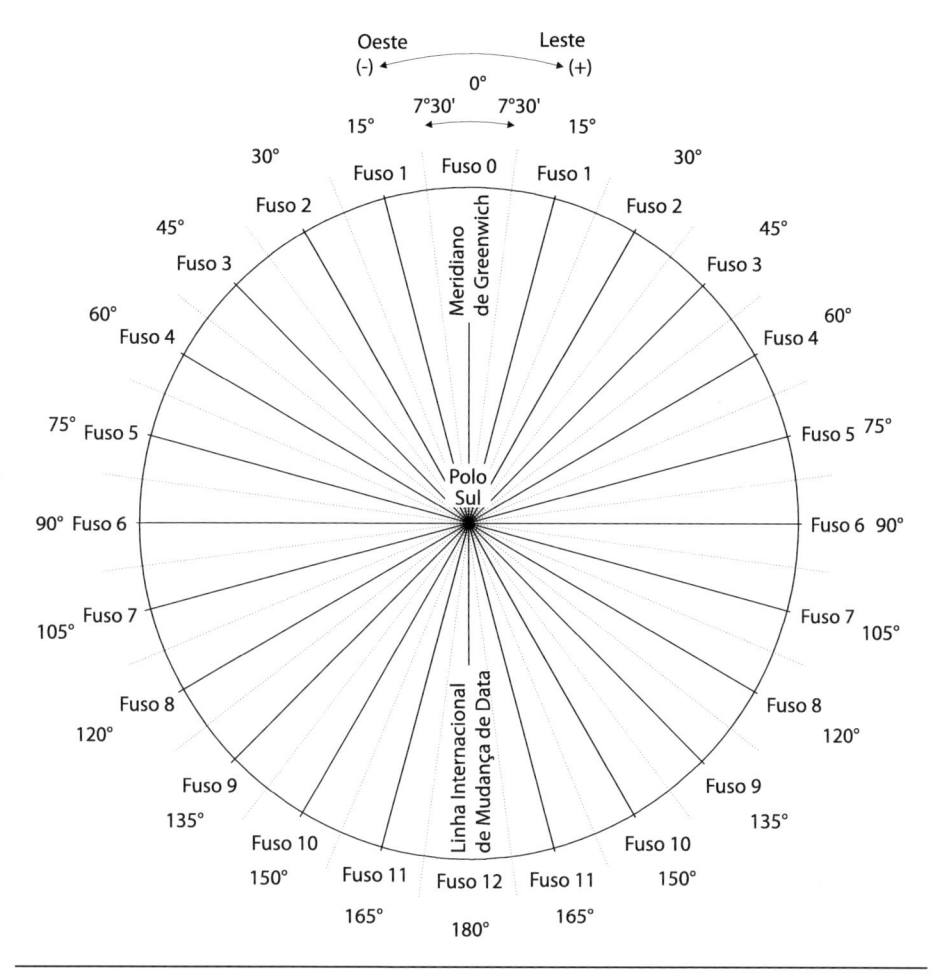

Fig. 7.1 Fusos horários

Convém salientar novamente que nem sempre as linhas imaginárias desses fusos coincidem com o limite dos horários dos países. Em geral, muitas adaptações são realizadas a fim de se corrigir alguns possíveis problemas. A própria Linha Internacional de Mudança de Data não coincide exatamente com o meridiano de 180°.

Como exemplo, apresenta-se na Fig. 7.2 a adaptação dos fusos horários para o Brasil. A partir da figura, pode-se observar os enormes ajustes praticados no caso brasileiro.

CARTOGRAFIA BÁSICA

Fusos horários - Brasil
Diferenças em relação a Greenwich

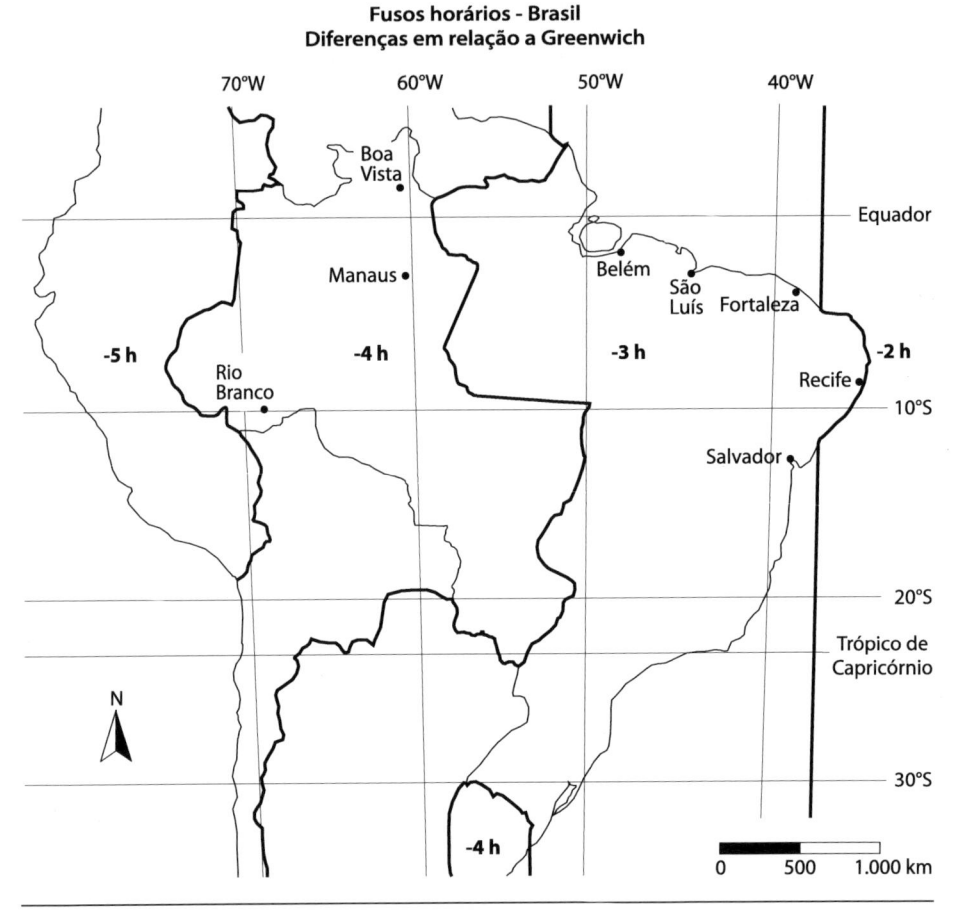

Fig. 7.2 *Fusos horários do Brasil*

EXERCÍCIOS RESOLVIDOS

1. Sabendo que em Tóquio, cidade localizada a aproximadamente 140° a leste do meridiano de referência, Greenwich, são 15 horas, horário oficial, e desprezando quaisquer ajustes de fusos entre os países, bem como outras adaptações, que horas (horário oficial) serão na cidade de Porto Alegre, localizada a cerca de 51° a oeste do meridiano de Greenwich?

Uma maneira fácil de resolver esse problema é a seguinte:
- desenhar os fusos de acordo com o apresentado na Fig. 7.3;
- localizar, aproximadamente, as cidades no fuso correspondente, dentro do desenho;

7 Fusos horários

- colocar o horário referido a uma das localidades;
- deslocar-se até a outra localidade, respeitando os espaços de uma hora determinados por cada fuso, adicionando uma hora quando o deslocamento é feito no sentido oeste-leste e diminuindo uma hora no sentido inverso;
- para o caso em questão, contar o deslocamento realizado desde Tóquio até Porto Alegre. Assim, verifica-se que houve um deslocamento de um total de 12 fusos, ou seja, 12 horas. Então, se em Tóquio são 15 horas (hora legal), em Porto Alegre serão 15 - 12 = 3 horas (hora legal).

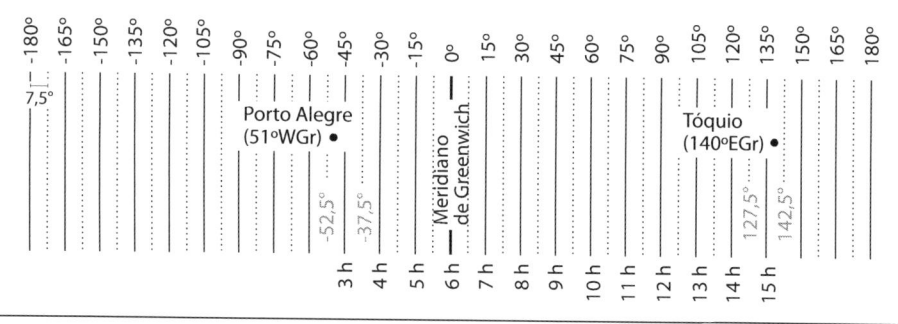

Fig. 7.3 *Deslocamento Tóquio – Porto Alegre*

Para quaisquer outras localidades, o procedimento é semelhante, bastando seguir a forma indicada no exemplo acima.

Observa-se, no entanto, que essa conversão é válida somente quando não se levam em consideração os ajustes realizados por convenções entre países para adequação de seus fusos. Assim, por exemplo, a sede do município de Carazinho (RS), localizada, segundo o IBGE, na longitude de 52,78°WGr, estaria uma hora atrasada em relação ao município vizinho de Passo Fundo (RS), cuja sede situa-se a 52,4°WGr, no mesmo Estado, pois o limite dos fusos é de 52,5°WGr.

2. O exemplo anterior mostrou um resultado levando em consideração somente as horas legais de ambos os países. Deseja-se, agora, saber a hora local em Porto Alegre, admitindo-se que em Tóquio (140°E) são 15 horas (hora local).

Para tal, pode-se proceder ao seguinte raciocínio:
- sabendo que Porto Alegre está sobre o meridiano 51°W, tem-se que a diferença entre a cidade e o MC do fuso é de 6° (51° - 45°);
- então, como cada fuso (uma hora) possui 15°, em 6° obtém-se 0,4h (6° ÷ 15°), ou seja, 24 minutos;
- de igual sorte, como Tóquio (140°E) não está localizada sobre o MC do fuso a que pertence (135°E), o mesmo procedimento deverá ser aplicado. Assim, a diferença entre as latitudes é de 5° (140° - 135°), o que corresponde a 0,333h, ou 20 minutos;
- portanto, a hora local no MC de +135° passa a ser 15h - 20min = 14h40min, pois Tóquio está adiantada com relação ao seu MC;
- prosseguindo, tem-se que a hora local no MC de 45°W, ao qual Porto Alegre pertence, é 2h40min;
- concebendo que a hora legal (agora imaginada como hora local) sobre o MC do fuso considerado, de 45°W, é 2h40min (resultado obtido para o fuso inteiro, conforme o raciocínio anterior) e que a diferença de Porto Alegre até o MC do fuso é de 6°, isto é, 24min, subtrai-se este valor (24min) de 2h40min (resultado obtido para o MC do fuso) e encontra-se 16min (Porto Alegre está atrasada em relação ao MC -45°);
- assim, quando em Tóquio forem 15 horas (hora local), a hora local em Porto Alegre será 2h16min.

Outra maneira de resolver o problema anterior, bastante simplificada, diz respeito ao uso de uma simples divisão entre as diferenças de longitudes envolvidas e o valor da medida de cada fuso, ou seja, 15°. Assim, o cálculo seria:
- longitude de Tóquio: 140°E (isto é, +140°);
- longitude de Porto Alegre: 51°W (isto é, -51°);
- diferença de longitudes: 191° [+140° - (-51°)];
- 191° ÷ 15° = 12,733h (12h44min = diferença de horário entre as cidades).

Então, se em Tóquio são 15 horas, em Porto Alegre serão 15h - 12,733h = 2,267 horas = 2h16min (ou 15h - 12h44min).

7 Fusos horários

3. Sabendo que a cidade de Capão da Canoa situa-se a cerca de 50°WGr, deseja-se calcular qual será a HORA LOCAL nessa cidade quando o Sol se encontrar exatamente sobre o meridiano central (MC) correspondente ao seu fuso horário.

Esse problema pode ser resolvido da seguinte maneira:

- observar que, quando o Sol estiver exatamente sobre o meridiano central (de referência) do fuso considerado, será meio-dia, hora local, no MC;
- verificar que, nesse caso, o MC para Capão da Canoa, localizada a 50°WGr, será o meridiano de 45°WGr (pode-se utilizar a Fig. 7.3 como auxílio);
- estabelecer uma regra de três simples da seguinte forma:
  - se 15° correspondem a 1h, quantas partes de hora, ou minutos, corresponderão a 5° (50° - 45°)?
  - Resposta: 20 minutos;
- assim, é fácil verificar que em Capão da Canoa serão 12 horas (hora do MC) menos 20 minutos, pois a cidade localiza-se a oeste desse MC, ou seja, está atrasada;
- então, a HORA LOCAL em Capão da Canoa, no momento em que no MC for meio-dia, será 11h40min.

8 Uso Prático de Cartas Topográficas

Inúmeras são as utilidades de um mapa. Para a Geografia, possivelmente a ciência que mais faz uso desse recurso, seu conhecimento e sua correta utilização são de fundamental significância.

Na atualidade, uma das maiores aplicações, em termos cartográficos, vincula-se ao uso de cartas topográficas, principalmente em formato digital. Essas cartas possuem determinados elementos básicos, de extrema importância e aplicação no uso das técnicas de geoprocessamento.

Entretanto, antes de um uso simplista e direto, deve-se ter um bom conhecimento das complexidades e potencialidades desses produtos. O incorreto manuseio dos dados contidos em uma carta implicará, certamente, um resultado desastroso, apesar de, muitas vezes, esteticamente agradável.

A maior parte dos programas utilizados para geoprocessamento disponíveis no mercado realiza tarefas extremamente trabalhosas, se feitas manualmente, mas que necessitam de um entendimento anterior para a sua correta identificação. Os cartógrafos e geógrafos mais "experientes" certamente já procederam, por exemplo, à sobreposição de informações contidas em mapas impressos com o uso de papel vegetal ou similar.

Os conhecimentos apresentados neste livro buscam, portanto, além de fornecer embasamento em termos cartográficos, subsidiar a utilização de Sistemas de Informações Geográficas.

A Cartografia torna-se, assim, uma ferramenta indispensável para a realização de um bom trabalho, fundamentalmente para o profissional geógrafo e outros tantos que atuam nessa área interdisciplinar.

8 Uso prático de cartas topográficas

A seguir, serão apresentadas algumas das possíveis aplicações das cartas topográficas dentro da ciência geográfica, especialmente nas questões vinculadas ao planejamento espacial e à gestão ambiental.

8.1 Delimitação de uma bacia hidrográfica

Uma das formas de planejar um espaço, tarefa conferida por legislação ao profissional geógrafo (Lei nº 6.664 de 26/6/79), pode ser realizada dentro de uma área com uma delimitação natural específica: uma bacia hidrográfica.

Oliveira (1993) define BACIA HIDROGRÁFICA como a "área ocupada por um rio principal e todos os seus tributários, cujos limites constituem as vertentes, que, por sua vez, limitam outras bacias".

Já uma SUB-BACIA pode ser entendida como uma porção de uma bacia que a engloba.

Outra maneira de divisão de uma BACIA ou SUB-BACIA HIDROGRÁFICA é feita por meio de sua setorização.

A utilização do termo MICROBACIA HIDROGRÁFICA, de uso corrente na Engenharia Agronômica, principalmente para fins de planejamento, também deve ser considerada. Uma MICROBACIA HIDROGRÁFICA pode ser apresentada, nessa visão, como a área do sistema hidrológico, menor do que 200 km², constituída por um curso d'água principal e seus afluentes, limitada pelos seus divisores de água e destinada ao planejamento e manejo sustentável dos recursos naturais nela presentes.

Quando se realiza o planejamento espacial de uma determinada região, deve-se ter em mente que os conceitos acima tratam de unidades físicas naturais presentes no terreno. Assim, elas não RESPEITAM LIMITES DE PROPRIEDADES, LIMITES MUNICIPAIS, ESTADUAIS ou INTERNACIONAIS, podendo estar localizadas, portanto, em uma ou em várias propriedades ao mesmo tempo, fazer parte de um ou mais municípios, Estados, ou até países, e finalmente, podendo estar em apenas uma ou em várias cartas topográficas.

Essas considerações são fundamentais para a realização de qualquer projeto que venha a ser proposto e que implique alguma forma de planejamento de cunho geográfico, englobando tanto as características de natureza física como as de natureza humana.

Muitos projetos podem perder sua qualidade quando se utilizam bases meramente políticas para a sua execução. Para desenvolver um melhor diagnóstico e um adequado planejamento dos recursos naturais existentes, é de fundamental importância o conhecimento da realidade física da área a ser estudada. O uso das unidades hidrográficas bacia, sub-bacia e microbacia ajusta-se perfeitamente a essa sistemática de gestão.

Para estabelecer os limites de uma bacia hidrográfica, deve-se primeiramente localizar os divisores de água referentes ao curso d'água que servirá de base para a definição da bacia. Um DIVISOR DE ÁGUAS é caracterizado como uma linha imaginária que separa duas bacias hidrográficas, ligando as maiores altitudes do relevo, ou seja, é formado pela linha divisória de cumeada ou linha de crista que desenha o terreno.

Pode-se imaginar essa linha em função da precipitação que ocorre na área, onde parte da água da chuva escorre superficialmente na direção dos cursos d'água localizados de um dos lados de uma vertente, e o restante, para o outro lado (Fig. 8.1).

Com base nas considerações realizadas, pode-se estabelecer o limite da bacia hidrográfica. Este deverá ser traçado a partir de uma

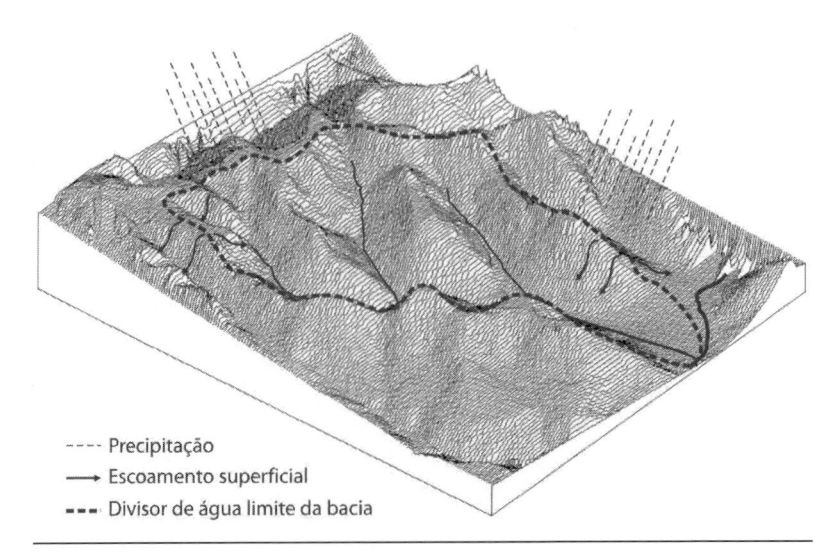

Fig. 8.1 *Divisores de água de uma bacia hidrográfica*

8 Uso prático de cartas topográficas

das margens da foz do rio principal, seguindo a linha do divisor de águas previamente reconhecido, até atingir a margem oposta do mesmo curso d'água.

A Fig. 8.2 exemplifica essa caracterização, apresentando um recorte da carta SH.22-V-D-III, executada pela Diretoria do Serviço Geográfico do Exército (DSG), que contém algumas adaptações visando facilitar a compreensão do traçado aproximado da bacia – ou microbacia – hidrográfica do Arroio Gaúcho. (A Primeira Divisão de Levantamentos, subordinada à DSG, é a responsável pela elaboração de cartas topográficas para uma parte da Região Sul do Brasil, abrangendo a totalidade do Estado do Rio Grande do Sul. Informações sobre a aquisição de cartas podem ser dirigidas à Primeira Divisão de Levantamentos, em Porto Alegre, RS.) Ressalta-se,

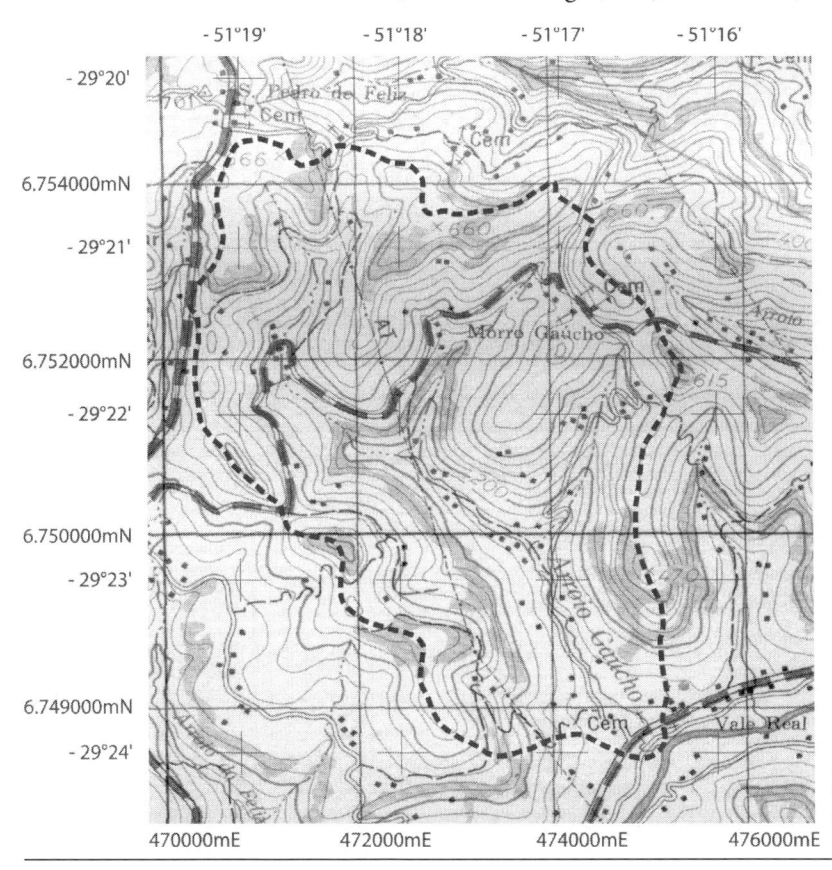

Fig. 8.2 *Limites aproximados da bacia – ou microbacia – hidrográfica do Arroio Gaúcho*

mais uma vez, que esta porção da carta não guarda sua escala original, em função dos ajustes necessários para sua impressão.

Ao utilizar mapas ou cartas topográficas, esse limite deverá ser estabelecido por meio de um minucioso estudo do comportamento das curvas de nível nelas existentes, sempre imaginando as características altimétricas da área estudada.

Percebe-se, algumas vezes, que partes dos limites de uma bacia hidrográfica coincidem com estradas ou caminhos existentes na área de estudo, já que, na construção de vias de acesso, procura-se, na medida do possível, aproveitar a topografia existente, evitando-se corte nas elevações.

Outra forma de apresentar esse comportamento pode ser observada na Fig. 8.3, que é uma simulação do relevo da bacia hidrográfica do Arroio Gaúcho, considerando uma iluminação relativa, em que a

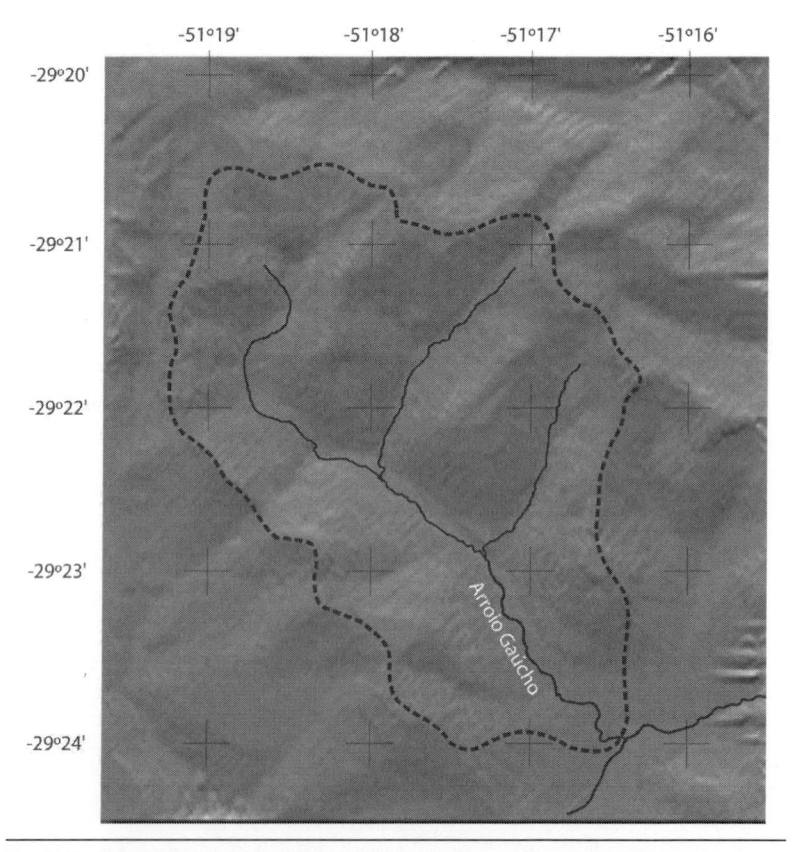

Fig. 8.3 *Simulação do relevo da bacia hidrográfica do Arroio Gaúcho*

incidência da luz do Sol apresenta um azimute de 315° e ângulo de inclinação de 30°.

8.2 Localização de uma bacia hidrográfica

Após a sua delimitação, a bacia hidrográfica pode ser localizada de acordo com o sistema de coordenadas existente nas margens da(s) carta(s) utilizada(s) para sua caracterização espacial.

Observando a Fig. 8.2, obtém-se a seguinte informação a respeito do "enquadramento" ou da localização aproximada da bacia hidrográfica do Arroio Gaúcho, utilizando o sistema UTM apresentado nas margens da carta:

- COORDENADAS E: 470.000 mE; 476.000 mE.
- COORDENADAS N: 6.748.000 mN; 6.754.000 mN.

Utilizando o sistema de coordenadas geográficas, encontram-se as seguintes coordenadas:

- LATITUDES: 29°20'S a 29°24'S;
- LONGITUDES: 51°16'W a 51°19'W.

Para a localização de um ponto específico na área da bacia, como a foz do seu rio principal, procede-se de forma semelhante àquela descrita no Cap. 6.

8.3 Medições em cartas topográficas impressas

Uma utilização corrente das cartas topográficas impressas diz respeito a cálculos vinculados a distâncias entre localidades, perímetros e áreas de espaços determinados.

8.3.1 Distâncias em linha reta

Para o cálculo de DISTÂNCIAS EM LINHA RETA, faz-se necessário o uso de uma régua comum ou o conhecimento das coordenadas dos pontos final e de origem. Para esses casos, procede-se da seguinte maneira:

- no caso do uso de uma régua, mede-se a distância entre os dois pontos e, munido da escala da carta, estabelece-se uma regra de três, relacionando o valor medido na carta com o módulo da escala, conforme apresentado no Cap. 2;

- no caso de se possuir as coordenadas planas, utiliza-se a fórmula da distância entre dois pontos:

$$d^2 = (E_B - E_A)^2 + (N_B - N_A)^2$$

ou

$$d = \sqrt{(E_B - E_A)^2 + (N_B - N_A)^2}$$

em que:

d – distância entre os pontos A e B

E_A e E_B – coordenadas "E" dos pontos A e B

N_A e N_B – coordenadas "N" dos pontos A e B

Se estiverem estabelecidas as coordenadas geográficas, utilizam-se as seguintes fórmulas:

$$\cos \theta = (\text{sen } \varphi_A \times \text{sen } \varphi_B) + (\cos \varphi_A \times \cos \varphi_B \times \cos \Delta\lambda_{AB})$$

e

$$d = \theta \frac{2 \pi R}{360°}$$

em que:

θ – ângulo interno

φ_A – latitude do ponto A

φ_B – latitude do ponto B

$\Delta\lambda_{AB}$ – diferença de longitudes entre os pontos A e B

R – raio da Terra (6.378.160 m, aproximadamente)

d – distância entre os pontos A e B

EXERCÍCIOS RESOLVIDOS

1. Dadas as coordenadas dos pontos A = 471.525 mE e 6.753.374 mN e B = 475.333mE e 6.766.955mN, pede-se o cálculo da distância, em linha reta, entre os pontos.

Utilizando a fórmula da distância entre dois pontos, tem-se:

- $d = \sqrt{(471.525 - 475.333)^2 + (6.753.374 - 6.766.955)^2}$

A partir daí, obtém-se:

- $d = \sqrt{(-3.808)^2 + (-13.581)^2}$
- $d = \sqrt{14.500.864 + 184.443.561}$
- $d = \sqrt{198.944.425}$

8 Uso prático de cartas topográficas

Finalmente:
- d = 14.104,76604 m, ou 14,1 km, aproximadamente.

2. Qual é a distância, em linha reta, entre as cidades de Arroio do Meio e Porto Alegre, situadas, respectivamente, nas coordenadas aproximadas: longitude λ = 51°56'24"W e latitude φ = 29°24'S, e longitude λ = 51°13'48"W e latitude φ = 30°01'48"S?
- cos θ = [sen (-29°24') × sen (-30°01'48")] + [cos (-29°24') × cos (-30°01'48") × cos (-51°13'48") - (- 51°56'24")]
- cosθ=[(-0,49090375)×(-0,50045338)]+(0,871213811×0,865763485× 0,999923222) = 0,999881638

Assim,
- θ = 0,881562683°

Então,
- d = 0,881562683° × 2π × 6.378.160 m ÷ 360° = 98.135,46296 m, o que equivale a, aproximadamente, 98,1 km, em linha reta. (Eventualmente, você poderá obter valores ligeiramente diferenciados, por causa de aproximações.)

8.3.2 Distâncias em linhas irregulares

Para a mensuração de LINHAS IRREGULARES ou MISTAS (rios, estradas etc.), faz-se necessário o uso de um CURVÍMETRO, aparelho específico para tal.

Esse tipo de medida é passível de se fazer, entretanto, de uma maneira bastante rústica, usando uma linha de costura comum que não se deforme. Nesse caso, procede-se da seguinte maneira:
- cuidadosamente, coloca-se a linha sobre a feição a ser medida, cobrindo todo o percurso desejado;
- retira-se a linha e, esticando-a sobre uma régua comum, verifica-se o comprimento total obtido;
- converte-se o valor lido na escala da carta conforme a fórmula: D = N × d

em que:
D – distância real no terreno
N – denominador da escala (escala = 1/N)
d – distância medida no mapa

8.3.3 Cálculos de áreas

O cálculo preciso de áreas em cartas topográficas impressas é realizado com o uso de um PLANÍMETRO. Entretanto, como nem sempre se pode dispor desse instrumento, existem certas alternativas mais ou menos precisas.

Em áreas delimitadas por polígonos regulares, o cálculo é realizado de acordo com sua figura. Como na natureza, na maioria das vezes, as áreas trabalhadas não formam polígonos regulares, deve-se partir para outras soluções.

Uma primeira opção diz respeito ao uso de uma BALANÇA DE PRECISÃO. Para tal, deve ser seguido o seguinte procedimento:

- Escolhe-se um retângulo de área conhecida que englobe toda a região a ser medida e pesa-se ele;
- recorta-se o contorno da região escolhida e pesa-se o produto resultante;
- estabelece-se uma proporção entre os pesos do retângulo com área conhecida e da porção recortada;
- aplica-se o valor obtido à escala da carta.

Exercícios resolvidos

1. Deseja-se calcular a área de uma propriedade localizada em uma carta na escala 1:50.000. Dispondo de uma balança de precisão, verifica-se que um retângulo de madeira compensada com 30 cm × 20 cm = 600 cm² pode ser encaixado exatamente sobre a área citada.

Assim, procede-se da seguinte maneira:
- pesa-se o retângulo em uma balança de precisão, obtendo 255 g;
- recortam-se os limites da propriedade na madeira, pesando o resultado (área da propriedade) a seguir. A massa obtida foi de 190 g;
- em seguida, realiza-se uma regra de três simples, em que o valor da área total do retângulo (600 cm²) corresponderá à sua massa total (255 g), e a massa da área da propriedade (190 g) corresponderá à incógnita, ou seja:
  - 255 g → 600 cm²
  - 190 g → x
  - x = 447,0588 cm²

8 Uso prático de cartas topográficas

- encontrado o valor da incógnita, aplica-se a escala da carta (1:50.000 → 1 cm = 500 m → 1 cm² = 250.000 m²) da seguinte forma:
  - 1 cm² → 250.000 m²
  - 447,0588 cm² → x
- calculada a regra de três, acha-se, finalmente, o valor da área da propriedade: x = 111.764.700 m², ou seja, cerca de 11.176,47 ha.

Assim como no caso das medições de distâncias, quando não se dispõe do equipamento adequado, pode-se, ainda, realizar a mensuração de uma área com precisão razoável seguindo a seguinte metodologia:

- sobre a região escolhida, sobrepõe-se uma folha de papel vegetal milimetrado, em que cada milímetro quadrado corresponderá ao mesmo valor na carta original;
- traça-se, sobre a folha de papel milimetrado, o contorno da área em questão;
- estabelece-se a relação entre a quantidade dos quadriculados do papel que contenham a região desenhada, considerando a escala da carta;
- realiza-se o cálculo da proporção.

A mensuração de áreas em programas que utilizam imagens *raster* ocorre de maneira bastante semelhante. Assim, quanto menores os quadriculados do papel (*pixels* na imagem digital), tanto mais preciso será o valor encontrado.

2. Dispondo de uma folha de papel vegetal milimetrado, deseja-se saber a área de uma propriedade disposta em uma carta 1:50.000.
   - primeiramente, sobrepõe-se o papel milimetrado sobre a carta e verifica-se a quantidade de quadriculados que correspondem à área em questão. No caso, encontrou-se um total de 38 quadriculados de 1 cm² cada, mais um total de 129 quadriculados de 1 mm² cada;

- é estabelecida a relação escala × quadriculados. Assim, na escala 1:50.000, 1 cm² → 250.000 m² = 25 ha;
- como foram contados 38 quadriculados de 1 cm² cada, o resultado será 38 × 25 ha = 950 ha;
- em relação aos 129 quadriculados de 1 mm² (0,01 cm²) cada, o total será de 129 × 25 ha × 0,01 = 32,25 ha;
- finalmente, resultará 950 ha + 32,25 ha = 982,25 ha.

8.4 Perfil topográfico

O conhecimento das curvas de nível de uma área qualquer é de fundamental importância para o traçado e a compreensão da estrutura de um modelado. Para uma percepção mais visível do comportamento do relevo em uma determinada região, é aconselhável a realização de PERFIS TOPOGRÁFICOS ao longo da região.

Esses perfis apresentam, de forma bastante confiável, a movimentação do relevo da área, proporcionando uma melhor compreensão da área trabalhada.

Para traçar um perfil topográfico, deve-se proceder da seguinte forma:

- escolher o local mais apropriado para o estabelecimento de uma linha que una dois pontos no terreno que cortem a área, a fim de oferecer uma visualização bastante satisfatória do comportamento do modelado (alinhamento AB);
- traçar o alinhamento no local estabelecido, com uma régua comum, marcando os pontos notáveis (onde a linha corta curvas de nível, limites de uma bacia hidrográfica, rios, estradas etc.) em uma tabela à parte;
- em um papel milimetrado, transferir esse alinhamento, preferencialmente na mesma escala da carta utilizada, como eixo horizontal;
- estabelecer uma escala vertical (exagero de até dez, caso o terreno seja muito plano), como eixo vertical, anotando-se nele os valores das curvas de nível;
- marcar os pontos notáveis no papel milimetrado, levando em conta os eixos referenciais estabelecidos;

- unir os pontos, procurando suavizar cantos e linhas retas, imaginando o perfil real do terreno;
- colocar título, escalas horizontal e vertical, rumo (ou azimute) do alinhamento, fonte e data.

A Fig. 8.4 detalha o traçado de um perfil topográfico na bacia hidrográfica do rio Jacarezinho.

8.5 Mapas de declividades

As curvas de nível existentes em uma carta topográfica permitem a confecção de mapas de declividades, um importante subsídio para estudos ambientais.

A confecção desses mapas está ligada à escala de declividades existente no rodapé das cartas topográficas. Certos mapas, entretanto, não possuem esse detalhamento, devendo-se, então, partir para a elaboração de um gabarito auxiliar ou mesmo de uma escala de declividades.

Tanto o gabarito quanto a escala de declividades são elaborados utilizando-se a seguinte fórmula matemática:

$$d = \frac{e \times \cot \alpha}{N} \times 100$$

em que:

   d – distância a ser marcada no gabarito/escala, em centímetros;
   e – equidistância entre as curvas de nível, em metros;
   α – declividade do terreno, em graus;
   N – denominador da escala (E = 1/N).

Mais uma vez, salienta-se que a delimitação de uma bacia hidrográfica, medições de distâncias e de áreas, a confecção de perfis e de mapas de declividades, e de outras tantas possibilidades que uma carta topográfica permite, são extremamente simplificadas com a utilização de cartas no formato digital, por meio de determinados programas de computadores.

O Cap. 9 apresenta uma descrição de algumas das possibilidades da Cartografia assistida por computador, também conhecida por Cartografia automática ou digital.

CARTOGRAFIA BÁSICA

Perfil topográfico A-B da área da bacia hidrográfica do rio Jacarezinho

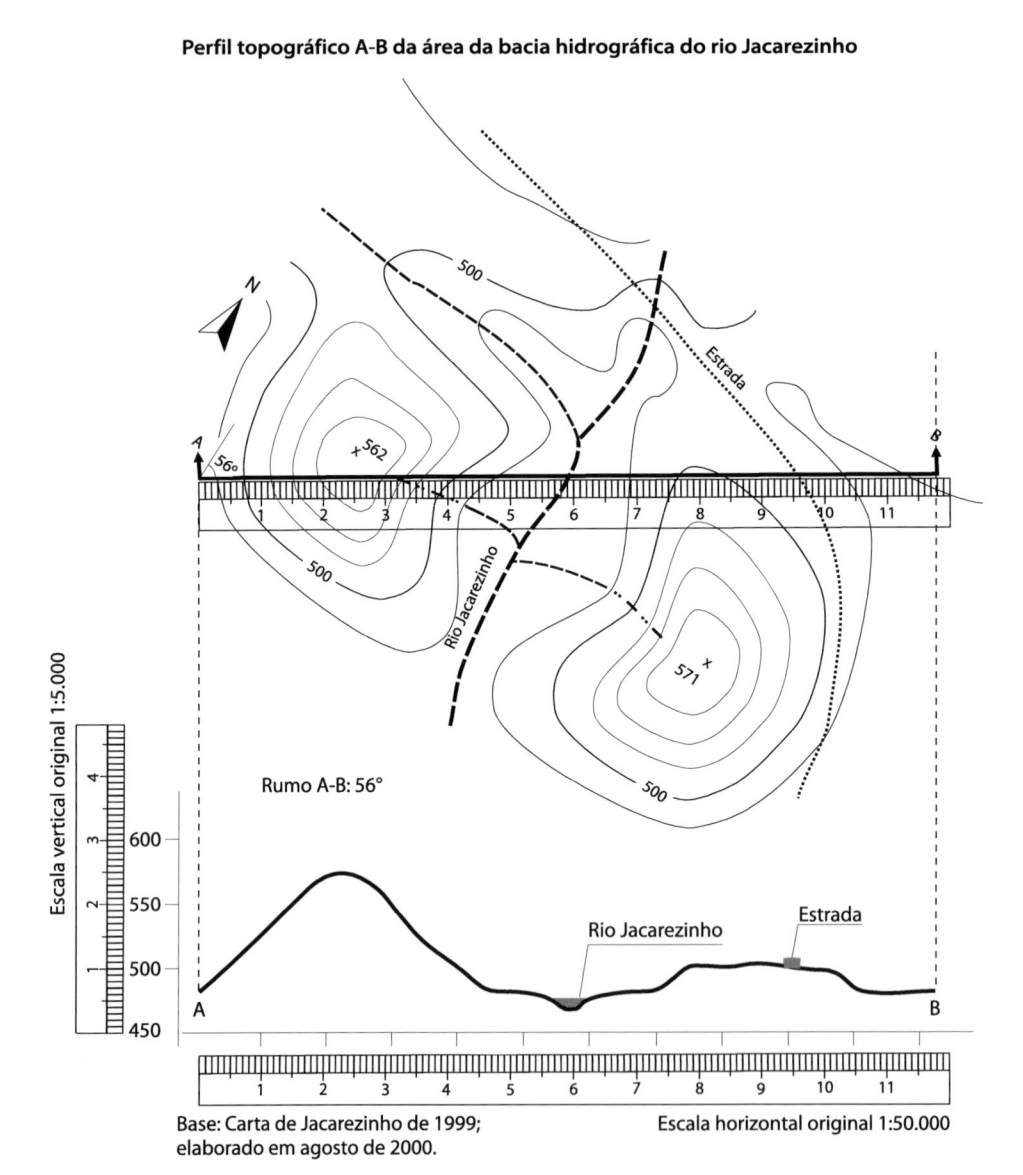

Rumo A-B: 56°

Escala vertical original 1:5.000

Base: Carta de Jacarezinho de 1999; elaborado em agosto de 2000.

Escala horizontal original 1:50.000

Fig. 8.4 *Perfil topográfico A-B da área da bacia hidrográfica do rio Jacarezinho*

Cartografia Assistida por Computador (CAC) e Cartografia Automática 9

Como qualquer outro campo do saber científico, a Cartografia vem experimentando, nos últimos anos, as grandes transformações tecnológicas resultantes do uso da informática. O advento da computação gráfica, especificamente, trouxe incontáveis vantagens para a confecção de mapas.

O surgimento dos sistemas COMPUTER AIDED DESIGN (CAD) ou COMPUTER AIDED DESIGN AND DRAFTING (CADD), em português, PROJETOS ASSISTIDOS POR COMPUTADOR, que utilizam programas para a confecção de desenhos em meio digital, alavancou essas transformações. Essa tecnologia originou a chamada CARTOGRAFIA ASSISTIDA POR COMPUTADOR – COMPUTER ASSISTED/AIDED CARTOGRAPHY (CAC) – ou MAPEAMENTO ASSISTIDO POR COMPUTADOR – COMPUTER ASSISTED MAPPING (CAM) –, que se baseiam no uso da computação (*hardware* e *software*) para a geração de mapas.

Outra terminologia bastante utilizada diz respeito ao MAPEAMENTO AUTOMATIZADO e GERENCIAMENTO FACILITADO, ou AUTOMATED MAPPING/FACILITY MANAGEMENT (AM/FM), que também trabalha com essas tecnologias enfatizando, entretanto, o armazenamento, a análise e a emissão de relatórios contendo informações já processadas.

O processo geral de confecção de mapas em meio digital e sua plotagem é conhecido por CARTOGRAFIA AUTOMÁTICA ou CARTOGRAFIA DIGITAL.

Os avanços na área da informática fizeram com que, hoje em dia, todos os processos para a elaboração de um mapa devam passar, de uma forma ou de outra, por um computador.

Essa verdadeira revolução tecnológica impulsionou o surgimento de sistemas computacionais, hoje conhecidos como Sistemas de Informações Geográficas (SIGs). Os SIGs (do inglês GIS – Geographical Information Systems) são sistemas computacionais que possuem programas especiais para a coleta, o armazenamento, o processamento e a análise digital de dados georreferenciados visando à produção de informação espacial.

9.1 Entrada e estrutura dos dados

Para a confecção de um mapa, as informações advindas de levantamentos topográficos, coletadas com receptores GPS, ou obtidas por aerofotogrametria, são introduzidas diferentemente nas máquinas.

Levantamentos topográficos ou com o uso de GPS trazem dados em planilhas ou em um banco de dados específico. Em alguns casos, podem ser agregados dados com atributos gráficos vetoriais.

A ESTRUTURA VETORIAL (*vector structure*) é composta por pontos, linhas e polígonos, utilizando um sistema de coordenadas XY para a sua representação. Cada um desses elementos gráficos pode apresentar, ainda, uma estrutura associada, relacionando cada entidade a um atributo digital ou mesmo a um banco de dados. Curvas de nível contendo a sua altitude, polígonos demarcando manchas de solo ou relacionando o tipo de solo de uma propriedade são exemplos, entre outros, desse tipo de estrutura.

As imagens digitais também podem ser armazenadas em uma ESTRUTURA MATRICIAL, OU EM GRADE (*raster structure*). Essa estrutura de dados é representada por uma matriz com "n" linhas e "m" colunas, M (n, m), em que cada célula, denominada *pixel* (contração de *picture element*), apresenta um valor "z" que pode indicar, por exemplo, uma cor ou tom de cinza a ele atribuída. Imagens de satélites e fotografias aéreas digitalizadas utilizam essa forma de armazenamento.

A Fig. 9.1 apresenta uma comparação entre as estruturas matricial e vetorial.

O mapeamento de uma área, tanto na forma vetorial como na matricial, é composto de vários níveis, planos ou, ainda, camadas de informações, conhecidos como *layers*. Cada um desses níveis possui sua própria estrutura de dados. Essas formas de representação permitem a utilização mais adequada daquelas camadas que interessam ao usuário, facilitando a manipulação do conteúdo e da plotagem ou impressão final.

9 Cartografia assistida por computador (CAC) e cartografia automática

Estrutura vetorial   Estrutura matricial

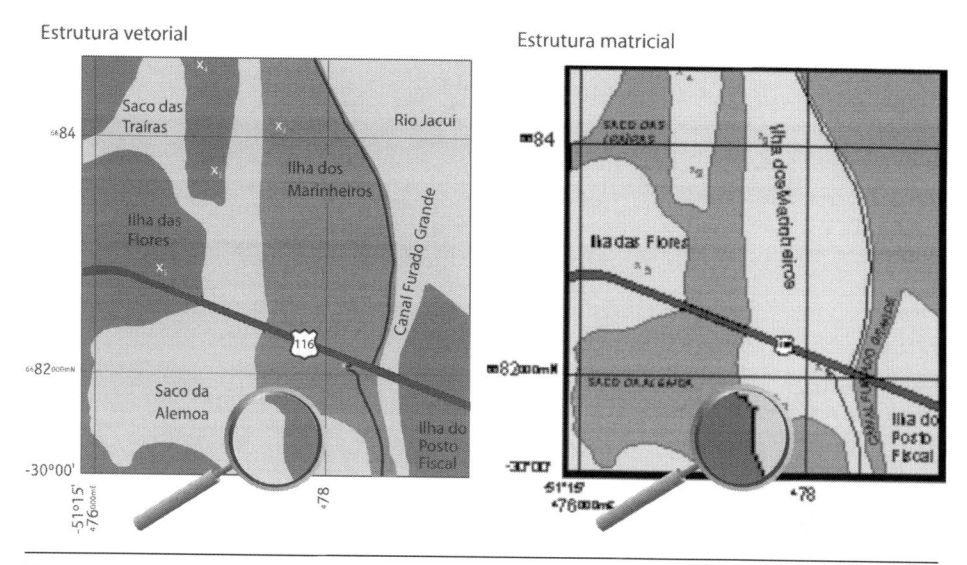

Fig. 9.1   *Estrutura de uma imagem digital*

A Fig. 9.2, apresenta a adição de alguns planos de informações até o produto final.

Sobreposição dos planos de informações   Composição final

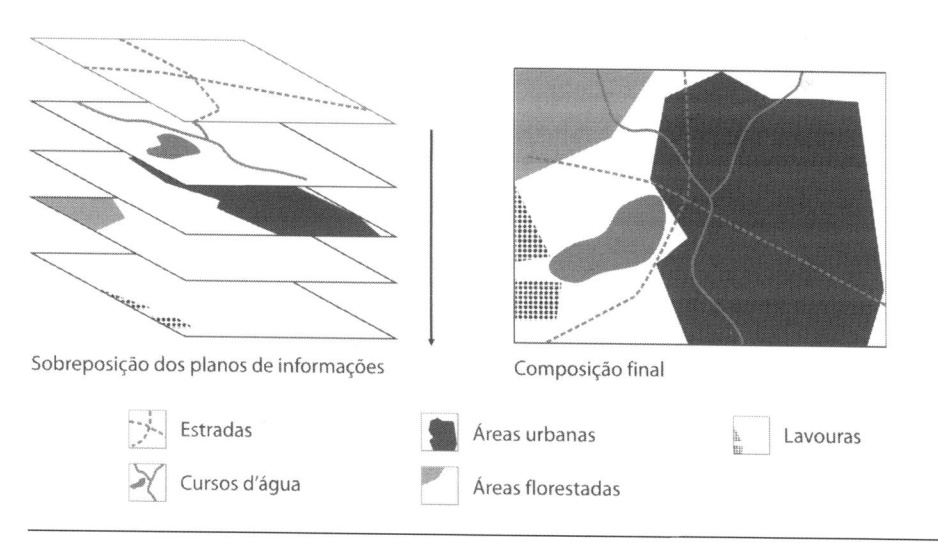

- Estradas
- Cursos d'água
- Áreas urbanas
- Áreas florestadas
- Lavouras

Fig. 9.2   *Planos de Informações (PI's)*

9.2 Resolução de imagens RASTER

Uma melhor ou pior qualidade estrutural de uma imagem está diretamente ligada à quantidade de *pixels* que a forma. Introduz-se, aqui, o conceito de RESOLUÇÃO DE UMA IMAGEM.

Em SENSORIAMENTO REMOTO – técnica de observação, coleta e registro a distância das características da superfície terrestre –, o termo RESOLUÇÃO vincula-se, ainda, a outras características específicas.

Pode-se trabalhar com uma RESOLUÇÃO ESPACIAL, dada pela capacidade óptica do sensor em função do seu campo de visada, o INSTANTANEOUS FIELD OF VIEW (IFOV).

No caso de imagens de satélite, o Ifov varia sobretudo em função da finalidade na utilização das imagens. O satélite sino-brasileiro Cbers-2, lançado em 21 de outubro de 2003, por exemplo, apresenta uma câmara imageadora de alta resolução espacial, de 20 m, ou seja, cada *pixel* da imagem representa uma dimensão do terreno de 20 m por 20 m (400 m²). O satélite Ikonos, lançado em outubro de 1999, chega a uma resolução espacial de 1 m na banda pancromática, ou seja, pode-se distinguir objetos maiores de 1 m².

A Fig. 9.3 apresenta uma simulação comparando fragmentos de imagens com resoluções espaciais de 20 m e 1 m, respectivamente.

Salienta-se que, em relação às fotografias aéreas e às imagens obtidas por videografia – técnica que utiliza aparelhos de videocassete ou similares para a obtenção de imagens –, a resolução espacial também está ligada ao campo de visada. Em se tratando de fotos obtidas pelo método tradicional, analógico, as fotos devem ser

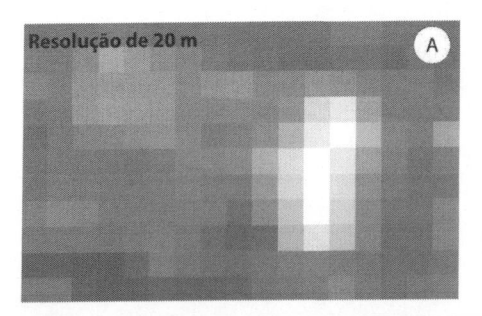

Fig. 9.3 *Comparação entre resoluções espaciais: A) Imagem do satélite Cbers-2; B) Imagem Ikonos Fontes: A) Disponível em <www.inpe.br>; B) Cortesia da Geotec Planejamento e Consultoria Ltda.*

9 Cartografia assistida por computador (CAC) e cartografia automática

convertidas para o meio digital. O processo de DIGITALIZAÇÃO é realizado com equipamentos conhecidos como escâneres. A resolução final – em número de *pixels* e níveis de cinza – deve, portanto, ser bem controlada, pois uma alta resolução implica uso de grande quantidade de memória para seu armazenamento. Nas fotos concebidas diretamente por meio de câmaras digitais, esse ajuste deve ser realizado no momento de tirar a foto.

A RESOLUÇÃO RADIOMÉTRICA está relacionada com a quantidade de níveis digitais presentes em uma imagem, conforme a qualidade desejada para a imagem: quanto maiores forem os níveis digitais, tanto maior será a resolução radiométrica. Esse atributo digital, representado pelos níveis de cinza de uma imagem, normalmente é apresentado na forma de valores binários, ou *bits*, necessários para o seu armazenamento. Os *bits* são sempre expressos em potências de 2. Assim, 1 *bit* significa $2^1 = 2$ tons ou níveis de cinza (preto e branco, no caso); 8 *bits*, $2^8 = 256$ níveis de cinza; 16 *bits*, $2^{16} = 65.536$ níveis, e assim por diante. A Fig. 9.4 apresenta uma imagem com diferentes resoluções radiométricas (8 *bits* e 1 *bit*, respectivamente).

As imagens digitais obtidas por satélites, principalmente, e por levantamentos aerofotogramétricos especiais apresentam, igualmente, uma RESOLUÇÃO ESPECTRAL dada pela banda espectral suportada pelo equipamento, ou seja, pela capacidade de absorção do sensor utilizado em função do intervalo do comprimento de onda captado pelo sensor. O Cap. 10 apresenta, de maneira resumida, um apanhado geral dessa estrutura. Cabe acrescentar aqui que os sensores podem ser ativos ou passivos. Os sensores ativos possuem fonte própria de

Fig. 9.4 *Comparação entre resoluções radiométricas*

radiação, como o Radar. Já os sensores passivos necessitam de fonte externa de radiação, como o Sol.

Os satélites apresentam, ainda, uma grande vantagem sobre as aerofotos em relação à sua RESOLUÇÃO TEMPORAL, ou seja, a periodicidade de obtenção de imagens de uma mesma área. O satélite Cbers, por exemplo, apresenta uma resolução temporal de 26 dias, isto é, a cada 26 dias ele passa exatamente pelo mesmo local, realizando uma cobertura completa da Terra. O primeiro Cbers (China-Brazil Earth Resources Satellite) foi lançado em 14 de outubro de 1999. O Cbers-2 foi lançado em 21 de outubro de 2003. Para mais informações, sugere-se visitar o site <http://www.cbers.inpe.br>.

As características apresentadas pelos satélites trazem, portanto, em muitos casos, a substituição dos levantamentos aerofotogramétricos por essa tecnologia.

9.3 Digitalização e vetorização de imagens *raster*

Quando não se dispõe de cartas, fotos ou imagens em formato digital, deve-se proceder às suas digitalização e/ou vetorização, sendo que o termo vetorização deve ser utilizado quando a referência é feita para o processo de transformação, por meio digital, de uma imagem diretamente para o formato vetorial.

Tais processos seguem determinados procedimentos específicos, e seus resultados são arquivos diferenciados, pois a digitalização resultará em um arquivo matricial, e a vetorização, em um arquivo vetorial.

9.3.1 Digitalização de imagens

Um mapa qualquer pode ser digitalizado (transformado do formato analógico para o formato digital) por meio de escâneres. Os mais comuns podem ser de mesa (em geral no formato A4) ou de rolo (formato A0).

Procedimento

O procedimento mais tradicional para a digitalização de uma imagem segue os seguintes passos:

9 Cartografia assistida por computador (CAC) e cartografia automática

- escolher a resolução da imagem a ser gerada. Essa opção diz respeito à quantidade de pontos por polegada – *dots per inch* (DPI) – desejada pelo usuário. Em geral, recomenda-se digitalizar uma imagem com, no mínimo, 300 dpi;
- escolher a quantidade de cores a ser trabalhada (resolução radiométrica). Geralmente se deve trabalhar com, pelo menos, 256 cores (arquivo de 8 *bits*);
- abrir o programa a ser utilizado para o processo de digitalização;
- seguir os passos determinados pelo programa;
- proceder aos ajustes (brilho, contraste, tamanho da área etc.) na imagem digitalizada;
- salvar a imagem.

Escolha da escala da imagem

A imagem digital resultante do processo deve ser gerada mantendo as características do mapa ou imagem original. Para isso, deve-se levar em consideração a escala original do material. Neste sentido, se faz importante a introdução do conceito da GROUND SAMPLE DISTANCE (GSD), que pode ser traduzido como DISTÂNCIA CORRESPONDENTE DO TERRENO, a qual se refere ao tamanho real (no terreno) de um determinado *pixel* com relação à resolução e à escala de uma imagem.

A GSD é dada pela fórmula:

$$GSD = N \div R$$

em que:
GSD – distância correspondente do terreno
N – denominador da escala
R – resolução da imagem, em dpi

Como se pode perceber, a unidade da GSD será em polegadas. Assim, o resultado obtido deverá ser convertido para unidades métricas, em que cada polegada equivale a 2,54 cm.

EXERCÍCIOS RESOLVIDOS

1. Sabendo que uma carta, cuja escala original era 1:25.000, foi digitalizada com resolução de 200 dpi, pergunta-se: qual o tamanho de cada *pixel*, em metros?

- GSD = N ÷ R
- GSD = 25.000 ÷ 200 = 125 polegadas
- GSD em unidades métricas:
- GSD = 125' × 2,54 cm = 317,5 cm = 3,175 m

Assim, cada *pixel* terá 3,175 m.

2. Dispondo-se de uma imagem digitalizada com resolução horizontal/vertical de 300 dpi, pede-se a sua escala original, sabendo que cada *pixel* possui, aproximadamente, 20 m x 20 m.

- GSD = N ÷ R
- 1' = 2,54 cm → 20 m = 787,4'
- 787,4' = N ÷ 300 → N = 787,4' × 300
- N = 236.220,5

Portanto, a escala original da imagem será 1: 236.220.

9.3.2 Vetorização de imagens RASTER

O procedimento de vetorização pode ser realizado diretamente via monitor do computador (vetorização em tela) ou por mesas digitalizadoras, que paulatinamente estão caindo em desuso.

A vetorização em tela tem vantagens vinculadas à tecnologia envolvida, especialmente no que diz respeito à precisão, visto que a imagem original pode ser aproximada sempre que necessário até atingir o nível máximo permitido pelo *software* utilizado. A desvantagem diz respeito à captura de imagens de mapas de grandes dimensões, notadamente quando não se dispõe de equipamentos apropriados (escâner de rolo, por exemplo). Entretanto, com o auxílio de variados tipos de programas, uma carta pode ser capturada em porções e remontada a partir destas.

O processo de vetorização pode ser feito de forma manual, quando é realizado com o uso de periféricos, como os *mouses*, ou semiautomática, quando um programa específico realiza automaticamente o tracejado, sob a supervisão de um profissional.

9.4 Atualidade da CAC

A utilização da CAC propicia, entre outras vantagens, a imediata migração dos produtos gerados, desde que georreferenciados para os

9 Cartografia assistida por computador (CAC) e cartografia automática

Sistemas de Informações Geográficas (SIGs) e para uso em geoprocessamento. Produtos georreferenciados são aqueles portadores de um endereço espacial vinculado a um sistema de referência, definido por coordenadas geográficas ou planas.

Deve-se ter cuidado, entretanto, quanto à procedência de mapas ou desenhos que porventura venham a ser adquiridos em meio digital. Trabalhos advindos de programas quaisquer de computação gráfica devem ser convertidos e georreferenciados para serem retrabalhados em SIGs. É importante salientar, mais uma vez, que a produção de mapas no formato digital deve respeitar as mesmas normas existentes para os mapas convencionais.

Uma aplicação bastante significativa da CAC em trabalhos geográficos diz respeito à utilização de MODELOS NUMÉRICOS DO TERRENO (MNT) – do inglês DIGITAL TERRAIN MODEL (DTM) OU DIGITAL ELEVATION MODEL (DEM) –, que atribuem valores digitais z para a porção da superfície terrestre trabalhada com sua localização (x, y) conhecida. Esses modelos podem ser visualizados tridimensionalmente, ou transformados em mapas temáticos de declividades, de orientação de vertentes, e assim por diante.

A Fig. 9.5 apresenta três diferentes formas de apresentação de uma área simulada. No primeiro caso (Fig. 9.5A), há somente as curvas de nível com equidistância de 50 m. Na segunda simulação (Fig. 9.5B), apresenta-se uma figura gerada por interpolação das curvas de nível, um MNT, no caso, com 256 tons ou níveis de cinza, cada um indicando uma altitude diferente, desde o tom mais escuro, que indica as menores altitudes, até os tons mais claros, para as maiores altitudes. Finalmente, na última simulação (Fig. 9.5C), tem-se uma representação tridimensional do terreno, construída com base no MNT gerado. Para essas simulações, utilizou-se o *software* Idrisi.

9.5 CARTOGRAFIA E GEOPROCESSAMENTO

Como já foi fartamente apresentado ao longo deste livro, a associação Cartografia e Geografia se faz de forma bastante direta, sendo a Cartografia uma ferramenta essencial para os estudos geográficos. Da mesma forma, o geoprocessamento vem se constituindo, atualmente, como uma ferramenta indispensável para a realização de pesquisas de cunho geográfico.

A Cartografia digital, dentro dessa perspectiva, exerce papel fundamental e indispensável para um bom desempenho na área das chamadas geotecnologias.

O geoprocessamento, entendido como uma técnica que, utilizando um SIG, busca a realização de levantamentos, análises e cruzamentos de informações georreferenciadas, visando à realização do planejamento, manejo e/ou gerenciamento de um espaço específico, apoia-se na Cartografia digital para realizar essa manipulação de dados.

Assim, a integração dessas técnicas deve-se à necessidade da "amarração" das informações contidas em um banco de dados que, por sua vez, deve apresentar uma estruturação espacial definida, sem a qual a aplicação do geoprocessamento não é concebível.

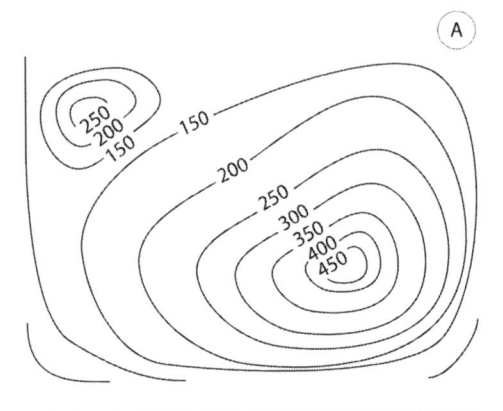

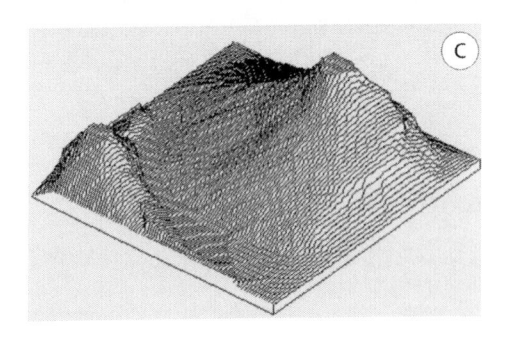

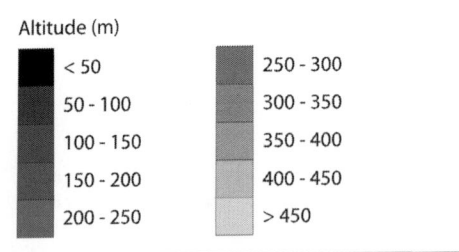

Altitude (m)
- < 50
- 50 - 100
- 100 - 150
- 150 - 200
- 200 - 250
- 250 - 300
- 300 - 350
- 350 - 400
- 400 - 450
- > 450

Fig. 9.5 *Simulação de um MNT*

Aerofotogrametria e Sensoriamento Remoto   10

A confecção de cartas topográficas, entendidas como aquelas que compreendem as escalas médias, situadas entre 1:25.000 e 1:250.000, e que contêm detalhes planimétricos e altimétricos (ver Cap. 3), ainda hoje se baseia em LEVANTAMENTOS AEROFOTOGRAMÉTRICOS com o apoio de bases topográficas já existentes.

Desde as primeiras tentativas de levantamentos, no século XIX, utilizando-se fotografias e sensores diversos para a captação de imagens, um enorme avanço tecnológico foi sendo experimentado.

Atualmente, o SENSORIAMENTO REMOTO – técnica que utiliza sensores para captação e registro a distância (sem o contato direto) da energia refletida ou absorvida pela superfície terrestre –, ocupa lugar de destaque como excelente complementação e, em alguns casos, substituição aos métodos tradicionais de confecção de mapas.

10.1 Tipos de sensores

Os sensores são dispositivos que possibilitam a captação da energia refletida ou emitida por uma superfície qualquer, registrando-a por meio de imagens que podem ser armazenadas nos formatos digital ou analógico, ou, ainda, diretamente sobre um filme ou chapa sensível.

De forma geral, pode-se classificar os sensores em ATIVOS e PASSIVOS.

Os SENSORES ATIVOS são aqueles que possuem uma fonte de energia própria, ou seja, eles mesmos emitem energia na direção dos alvos e captam a sua reflexão. O Radio Detection and Rating (Radar) – que, de forma sucinta, designa um equipamento utilizado para gerar, transmitir ou receber dados por meio de ondas de rádio, visando, especialmente, à captação, à localização e ao rastreamento de objetos situados na superfície terrestre – é um exemplo desse tipo de sensor. Uma câmara de vídeo com *spot* de luz acoplado, ou uma máquina fotográfica que use *flash*, também podem ser classificadas como sensores ativos.

Os SENSORES PASSIVOS, por sua vez, não possuem fonte própria de energia, necessitando de fontes externas para a captação da energia dos alvos. Os exemplos da filmadora e da câmara fotográfica, se desprovidos da fonte própria de energia, *spot* ou *flash*, enquadram-se nessa categoria. Igualmente, nessa condição situam-se outros imageadores, como os por varredura, que conseguem captar a imagem de um alvo com alta resolução espectral. Vale lembrar que imageadores são sensores que apresentam a imagem de um alvo, como os escâneres e câmaras fotográficas; os sistemas não imageadores, como os espectrômetros e termômetros de radiação, apresentam dados alfanuméricos a respeito de um alvo, sem fornecer uma imagem correspondente.

Uma vez que se classifique a máquina fotográfica como um sensor remoto, é possível estabelecer algumas características relacionadas às técnicas de fotogrametria.

10.2 Sensoriamento remoto e aerofotogrametria

Pode-se conceituar FOTOGRAMETRIA como o conjunto de técnicas que visam obter informações quantitativas e fidedignas de fotografias.

Derivando dessa conceituação, pode-se caracterizar a AEROFOTOGRAMETRIA como o conjunto de técnicas que buscam informações quantitativas e fidedignas de fotografias aéreas. As aerofotos se distinguem das convencionais em virtude de determinadas especificações técnicas que aquelas devem possuir:

- Formato do negativo: 23 cm x 23 cm.
- Registro da altura de voo e/ou escala da foto.
- Registro da data e hora da tomada.
- Registro do número da foto e da faixa de voo.
- Registro das marcas fiduciais ou de fé.

Outras características diferenciadas das aerofotos em relação às fotografias convencionais dizem respeito aos tipos de filmes utilizados e à orientação do eixo óptico da câmara.

Com relação à SENSIBILIDADE DA PELÍCULA (FILMES UTILIZADOS), as aerofotos podem ser:
- PANCROMÁTICAS, com a utilização de filmes preto e branco, com variação de tons de cinza médio a preto, quando há absorção da luz, como no caso de uma vegetação espessa, e de cinza médio a branco, quando há reflexão da luz, como no caso de solo exposto.
- COLORIDAS, quando os objetos aparecem com a verdadeira coloração que apresentam. Nesse caso, a escala das fotos deve ser maior (voos mais próximos do terreno) para evitar a interferência atmosférica.
- INFRAVERMELHAS PRETO E BRANCO, quando o filme utilizado é sensível à radiação infravermelha. As imagens sofrerão variações de tons em razão da maior absorção ou reflexão de radiação. A vegetação, nesse caso, aparecerá com tons claros.
- INFRAVERMELHAS FALSA-COR, quando o filme utilizado também é sensível à radiação infravermelha (normalmente, em relação ao infravermelho próximo), sendo, entretanto, aparentemente coloridas. Em geral, de acordo com o filme utilizado, os objetos que absorvem radiação tendem a ficar azulados ou pretos, ao passo que os que refletem aparecem com tons avermelhados, como a vegetação, por exemplo.

Outra caracterização das fotos aéreas refere-se à inclinação do eixo óptico da câmara em relação à vertical ao terreno. Assim, obtêm-se AEROFOTOS OBLÍQUAS quando o eixo óptico é intencionalmente inclinado em relação à vertical ao terreno, sendo classificadas, ainda, em oblíquas altas, quando a inclinação é tal que permite o aparecimento da linha do horizonte, utilizadas em regiões de acesso dificultoso, ou baixas, no caso contrário. Já as AEROFOTOS VERTICAIS são aquelas em que o eixo óptico coincide com a vertical ao terreno, sendo as mais utilizadas, pois causam menores deformações.

Uma situação de possível ocorrência é a inclinação involuntária da câmara aerofotogramétrica por causa das oscilações do avião durante o voo. Com relação ao eixo óptico, o ângulo máximo de inclinação tolerado para que uma aerofoto seja considerada vertical é de três graus.

Alguns outros imprevistos, que devem ser evitados na medida do possível, podem ocorrer durante a tomada de fotos no decorrer do voo. Entre eles, citam-se ventos fortes, que eventualmente modificam a trajetória da aeronave; interferências atmosféricas, como nuvens, e a questão da inclinação solar, que pode ser prejudicial tanto no caso da falta quanto do excesso de sombreamento, pois dificulta a interpretação das feições.

Em trabalhos cartográficos, utilizam-se tão somente aerofotos verticais, em virtude de suas peculiaridades. As características apresentadas a seguir serão referidas a essa situação.

10.2.1 Operações em aerofotogrametria (etapas a serem cumpridas)

A obtenção de um produto bom e confiável deve levar em consideração determinados aspectos de suma importância, a fim de evitar gastos indevidos. Assim, determinadas etapas devem ser cumpridas:

- Planejamento do voo, por meio de estudo teórico-prático da região a ser recoberta.
- Execução do voo com os equipamentos adequados e observando todos os quesitos relacionados às condições meteorológicas necessárias, horário para a tomada das fotos etc.
- Revelação do filme (no caso de fotos convencionais) e posterior verificação da qualidade da imagem das fotos impressas ou no formato digital.
- Realização de apoio terrestre com a utilização de pontos de controle que devem estar presentes nos pares estereoscópicos.
- Processo de fototriangulação, ou triangulação aérea, no qual se analisam as imagens obtidas, a fim de que se estabeleça um controle geométrico da foto pelo processo de triangulação.
- Processo de restituição fotogramétrica ou aerorestituição, que visa à confecção de um mapa com a utilização de aparelhagem adequada, com base nas aerofotos obtidas no levantamento realizado.

10 Aerofotogrametria e sensoriamento remoto

- Processo de ESTEREOCOMPILAÇÃO, na qual as características altimétricas e planimétricas são compiladas e adaptadas a uma mesma escala.
- Processo de REAMBULAÇÃO, quando é realizada uma verificação das aerofotos, visando à identificação de características do terreno que não foram ou não puderam ser interpretadas adequadamente. Ex.: topônimos, classificação dos tipos de rodovias, detalhes escondidos pela vegetação, limites políticos etc.
- Elaboração, ajustes e impressão do mapa final.

10.2.2 Voo aerofotogramétrico

Como já foi colocado, para a obtenção de fotografias aéreas deve-se elaborar um bom planejamento de todas as etapas envolvidas no processo, com o intuito de se otimizar a relação custo-benefício.

Especificamente em relação ao voo aerofotogramétrico, torna-se necessário o estabelecimento da direção das linhas de voo, a qual se dá, preferencialmente, nos sentidos norte-sul ou leste-oeste.

Outras condições essenciais para que o levantamento aerofotogramétrico tenha consistência dizem respeito às faixas de superposição entre as fotos adjacentes, para que não se perca nenhuma informação e para que sejam obtidos dados altimétricos.

O voo deve ser planejado de tal forma que as fotos tenham, entre duas faixas de voo paralelas, um RECOBRIMENTO LATERAL *"sidelap"* situado entre cerca de 20% e 30%, a fim de que eventuais problemas de identificação em uma imagem possam ser cobertos por uma foto da faixa vizinha. Por outro lado, deve-se observar que as fotos tenham, numa mesma linha de voo, um RECOBRIMENTO LONGITUDINAL *"overlap"* situado entre 50% e 60%, aproximadamente, a fim de que se possa obter estereoscopia entre cada par de fotos tomadas em sequência. As Figs. 10.1 e 10.2 apresentam essas condições.

10.2.3 Geometria da aerofoto vertical

Em razão de o resultado de uma projeção cônica ser dado pelas características próprias das lentes das câmaras, as fotografias aéreas apresentam certas distorções desde o seu centro até as suas bordas.

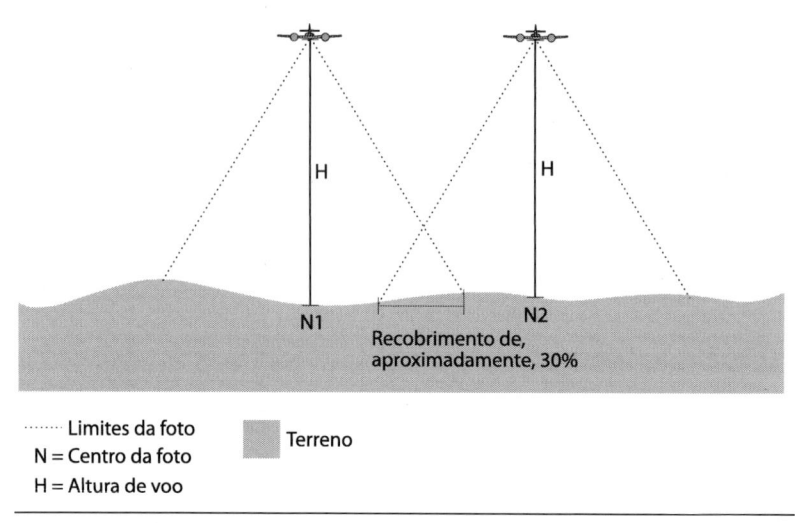

Fig. 10.1 *Recobrimento lateral de 30% – "sidelap"*

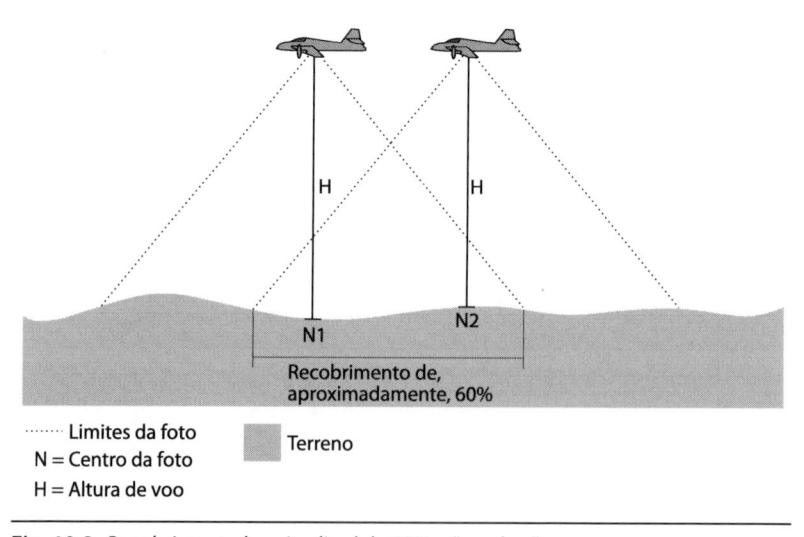

Fig. 10.2 *Recobrimento longitudinal de 60% – "overlap"*

Elementos da geometria da aerofoto vertical

A Fig. 10.3 apresenta alguns dos elementos de uma aerofoto vertical em uma linha de voo, que podem ser conceituados da seguinte forma:

- DISTÂNCIA FOCAL (f): distância perpendicular entre o centro da lente e o filme.

10 Aerofotogrametria e sensoriamento remoto

- **Altura de voo (H)**: distância vertical entre o terreno e o filme.
- **Aerobase (B)**: distância horizontal entre o centro de duas tomadas de fotos consecutivas de uma linha de voo.
- **Fotobase (b)**: distância correspondente à aerobase na fotografia, ou seja, distância entre o CENTRO PRINCIPAL (cn) e o CENTRO TRANSFERIDO (cn') de uma aerofoto.
- **Centro transferido (cn')**: imagem do centro de uma foto que aparece na consecutiva, em função do efeito do recobrimento ou superposição.

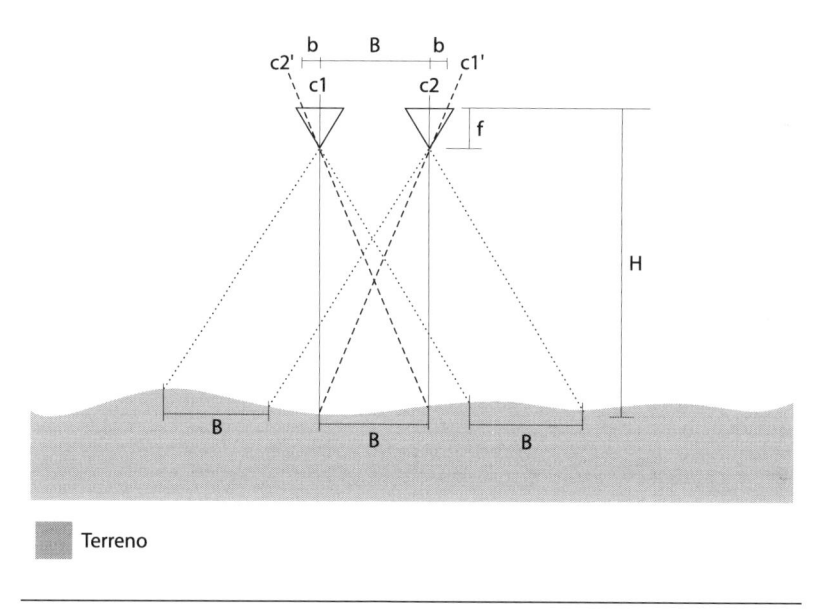

Fig. 10.3 *Esquema da tomada de duas fotos verticais ao terreno, contendo alguns dos elementos da geometria das fotos*

O planejamento para um levantamento fotográfico completo de uma área, deve levar em consideração diversos fatores, a fim de que se possa realmente cobrir a totalidade do terreno sem perdas nem grandes sobras. Para isso, tornam-se necessárias algumas informações referentes à localização e às características geográficas da área a ser levantada e, além das especificações técnicas, outras tantas relacionadas à quantidade de filme a ser utilizada, às características da câmara aerofotogramétrica, ao formato e tamanho das fotos, à posição das linhas ou faixas de voo, aos recobrimentos lateral e longitudinal, à velocidade de voo, à escala das fotos etc.

Outras características que devem ser levadas em consideração dizem respeito às condições meteorológicas (evitar nebulosidade) e ao horário para a tomada das fotos, em geral entre 9h e 15h (hora local), para evitar efeitos desagradáveis de sombreamento.

Um plano de voo deve levar em consideração, principalmente, as seguintes questões:

- altura de voo definitiva, dada por:

  $H = f \div E$

em que:

  H = altura de voo
  f = distância focal
  E = escala da foto

- cálculo do número de faixas ou linhas de voo, a fim de cobrir toda a área de estudo.

O exemplo (exercício resolvido) a seguir demonstra, passo a passo, o cálculo da quantidade de fotos requerida para cobrir uma área de 20 km de largura, no sentido leste-oeste, por 33 km de comprimento, no sentido norte-sul.

Exercício resolvido

Dados:

- escala das fotos: 1:30.000;
- formato das fotos: 23 x 23 cm;
- recobrimento lateral: 30%;
- recobrimento longitudinal: 60%;
- linha de voo no sentido leste-oeste.

Pedem-se:

1º) o número de faixas de voo;

2º) a quantidade total de fotos que cobrem uma área de 20 km de largura, no sentido leste-oeste, e 33 km de comprimento, no sentido norte-sul.

10 Aerofotogrametria e sensoriamento remoto

- Área abrangida por cada foto com 23 cm x 23 cm, na escala 1:30.000, calculada por meio da regra de três:
  - 1 cm (foto) → 30.000 cm (terreno)
  - 23 cm (foto) → x
  - x = 690.000 cm = 6.900 m = 6,9 km

Cada foto de 23 cm x 23 cm abrangerá, portanto, 6,9 km x 6,9 km.
Cálculo da quantidade de faixas a serem percorridas:
- Considerando que cada foto dentro de uma faixa de voo deverá ser recoberta pela adjacente da outra faixa, em 30% restarão, então, 70% de cada foto (6,9 km x 6,9 km), por faixa, ou seja:
  - Recobrimento de 100% por foto → 6,9 km
  - Recobrimento de 70% por foto → x

Tem-se, então, x = 4,83 km, a distância realmente coberta por foto.
Agora, considerando uma distância de 33 km no sentido norte-sul e que o voo será realizado no sentido leste-oeste, tem-se que o número de faixas ou linhas de voo será dado pelo quociente entre o total da distância no sentido norte-sul, os 33 km e os 4,83 km abrangidos por cada foto, adicionado de duas unidades por extremidade, por motivos de segurança, para evitar possíveis perdas de informação, ou seja:
- 33 km ÷ 4,83 km = 6,83 ≅ 7 + 4 = 11 faixas

Cálculo do número de fotos:
Para cobrir cada faixa de 20 km de extensão, no sentido leste-oeste, levando em consideração uma sobreposição, para efeitos de estereoscopia, de 60% entre cada foto, conclui-se que restarão somente 40% efetivos por foto a serem avaliados. Assim, tem-se:
- Recobrimento de 100% por foto → 6,9 km
- Recobrimento de 40% por foto → x
- Então, x = 2,76 km realmente cobertos por foto.
- Dessa forma, o número de fotos será dado pelo quociente entre a distância total da faixa no sentido leste-oeste, isto é, 20 km, e os 2,76 km abrangidos por cada foto desse total, ou seja:

◉ 20 km ÷ 2,76 km = 7,24 ≅ 8 fotos por faixa (os arredondamentos devem ser feitos, por segurança, adicionando-se uma unidade à porção inteira).

Importante: nesse caso, acrescenta-se, ainda, mais uma foto por faixa (8 + 1 = 9 fotos), tendo em vista que a primeira não é recoberta por nenhuma outra e deverá sê-lo, em virtude da necessidade de estereoscopia.

Finalmente, o total de fotos para cobrir uma área de 23 km no sentido leste-oeste por 30 km no sentido norte-sul será dado por:

◉ 11 faixas × 9 fotos por faixa = 99 fotos

Obs.: caso o voo fosse realizado no sentido norte-sul, o resultado seria diferente.

Escala das fotos verticais

A escala das aerofotos depende das variações da altura de voo, da dinâmica experimentada pelo relevo existente, da distância focal da câmara aerofotogramétrica e de determinadas características vinculadas à projeção cônica que as definem.

A escala de uma foto aérea é dada por:

$E = b \div B$, ou $E = f \div H$

em que:

E = escala da foto
b = fotobase
B = aerobase
f = distância focal da câmara
H = altura de voo

EXERCÍCIO RESOLVIDO

Dados:
- distância entre duas linhas de voo: 6.500 m;
- distância focal da câmara: 150 mm;
- aerobase de uma tomada de fotos: 3.700 m;
- altura de voo: 6.000 m;
- formato das fotos: 23 x 23 cm.

10 Aerofotogrametria e sensoriamento remoto

Pedem-se:

1º) a escala das fotos;

2º) os recobrimentos lateral e longitudinal, respectivamente, em metros e em porcentagem;

3º) uma apreciação dos resultados obtidos, tendo em vista o atendimento das especificações técnicas, em termos de porcentagem coberta.

- Cálculo da escala:
  - $E = f \div H$
  - $E = 150$ mm $\div 6.000$ m $= 150$ mm $\div 6.000.000$ mm
  - $E = 1:40.000$
- Cálculo da distância, no terreno, abrangida pela foto:
  - d = lado de cada foto x denominador da escala
  - d = 23 cm x 40.000 = 920.000 cm
  - d = 9.200 m
- Cálculo do recobrimento lateral:
  - R lat = d − L
  - R lat = 9.200 m − 6.500 m = 2.700 m
  - R lat (%) = 2.700 m ÷ 9.200 m
  - R lat (%) = 29,35%
- Cálculo do recobrimento longitudinal:
  - R long = d − B
  - R long = 9.200 m − 3.700 m = 5.500 m
  - R long (%) = 5.500 m ÷ 9.200 m
  - R long (%) = 59,78%
- Conclusão:

Os resultados mostram-se satisfatórios, pois foram atendidos os requisitos de qualidade solicitados, tanto no caso do recobrimento lateral, ou seja, de 29,35%, como no longitudinal, de 59,78%, ambos muito próximos, portanto, do exigido, que é de cerca de 30% e 60%, respectivamente.

10.2.4 Estereoscopia

Ao longo deste capítulo, tem-se falado muito em estereoscopia, um processo que possibilita a percepção visual em três dimensões.

Para o ser humano, a noção de tridimensionalidade é proporcionada pelo conjunto de seus dois olhos. Isso se dá em razão da fisiologia humana, dado que o cérebro pode captar, comparar e interpretar as imagens vindas através de sua visão binocular. Essa característica faz com que as imagens recebidas por cada olho se fundam em uma só, proporcionando não só a visualização bidimensional, mas também a sensação de profundidade.

A Fig. 10.4 apresenta um esquema da visão binocular humana, com a visão diferencial de um mesmo objeto; no caso, um cubo.

A percepção tridimensional na natureza é, sob certo aspecto, instintiva. O homem com visão binocular "normal", aprende em pouco tempo a distinguir os objetos que estão mais próximos ou mais distantes. Entretanto, somente esse "treinamento" não seria satisfatório para uma visão completa, caso a visão fosse monocular. A noção de profundidade seria dada unicamente pela experiência do observador, como a visão em perspectiva, em que objetos são vistos em uma posição relativa a um ponto de vista fixo, fornecendo uma noção de profundidade. Pode-se exemplificar essa noção pela visualização de um edifício que parece "afunilar-se" conforme aumenta sua altura em relação a um observador situado em sua base; ou de uma avenida em um bairro residencial, onde o leito da rua parece, também, afunilar-se, além das árvores, residências e dos postes da rua parecerem ter seus tamanhos reduzidos, conforme se afastam do observador.

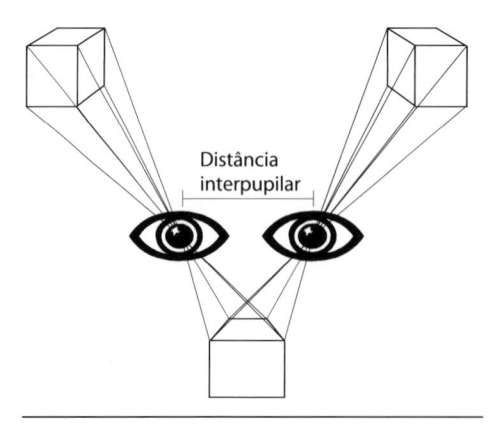

Fig. 10.4 *Visão binocular humana*

No caso das imagens obtidas por fotos ou por outros sensores quaisquer, a noção de profundidade não está presente de forma direta, pois se trata de produtos bidimensionais, ou seja, contendo apenas duas dimensões: largura e comprimento.

Métodos artificiais de estereoscopia

Para obter informações a respeito da profundidade de uma foto, deve-se buscar alternativas que se baseiem nas leis da física. São

10 Aerofotogrametria e sensoriamento remoto

necessárias as seguintes condições:
- Possuir duas imagens diferenciais de um mesmo objeto, ou, no caso das aerofotos, fotos com a faixa de recobrimento.
- Dispor de fotos separadas de tal forma que cada olho possa perceber uma imagem de cada vez.

Satisfeitas essas condições básicas, necessita-se de artifícios visuais baseados em métodos físicos para a obtenção de estereoscopia:
- MÉTODO DOS ANAGLIFOS: fundamentado no princípio físico da absorção das cores complementares, em que filtros, em geral verdes e vermelhos, são colocados em óculos, com a finalidade de absorver as cores respectivas na imagem gerada, fundindo-se na cor branca e resultando na sensação de relevo.
- MÉTODO DOS POLAROIDES: que utiliza o princípio da polarização da luz, quando esta é transformada num feixe polarizado, passando a vibrar em uma só direção. Para a obtenção do efeito estereoscópico, utilizam-se óculos cujas lentes polarizadoras em direções diferentes fundem as imagens em uma só, proporcionando a sensação de tridimensionalidade.
- MÉTODO DOS ESTEREOSCÓPIOS: que pode se basear no princípio da refração da luz, quando o raio de luz muda de direção ao passar de um meio para outro diferente, ou da reflexão da luz, quando há uma superfície que provoca o retorno de um raio de luz com mesmo ângulo de incidência.
- ESTEREOSCÓPIOS DE LENTES ou DE BOLSO (Fig. 10.5): de pequena dimensão, baseados no princípio da refração da luz. São utilizados geralmente em campo, uma vez que recobrem apenas cerca de 30% das fotos.
- ESTEREOSCÓPIOS DE ESPELHOS (Fig. 10.6): de maior porte, baseados no princípio da reflexão da luz, utilizados em laboratório, permitem

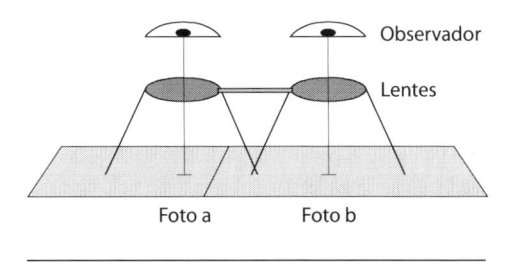

Fig. 10.5 *Esquema de um estereoscópio de lentes*

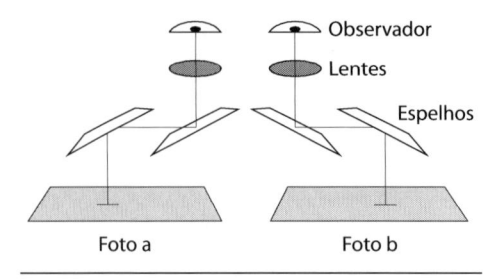

Fig. 10.6 *Esquema de um estereoscópio de espelhos*

a visão de 60% do recobrimento das fotos. Possibilitam também o trabalho sobre as fotos, como a utilização da régua de paralaxe, usada para obter as altitudes do terreno.

Aos poucos, as técnicas tradicionais de obtenção de estereoscopia tendem a ser substituídas pelas inovações tecnológicas que a cada dia se fazem mais presentes. Estão disponíveis no mercado diferentes *softwares* e outros produtos que utilizam os métodos aqui descritos, e, como quaisquer outros, estes também são mais ou menos dispendiosos, de acordo com a sua funcionalidade e precisão.

A paralaxe estereoscópica

As altitudes de um terreno podem ser mensuradas com base nos princípios da PARALAXE ESTEREOSCÓPICA.

PARALAXE pode ser descrita como o aparente deslocamento de um objeto qualquer, em função de uma mudança no ponto de visada a esse objeto, em relação a um sistema de referência preestabelecido.

Um exercício para a observação desse deslocamento pode ser realizado da seguinte maneira: estica-se um braço à frente, com o dedo polegar levantado; a seguir, observa-se o dedo, primeiramente com um olho e, depois, com o outro: ele parece deslocar-se da direita para a esquerda ou vice-versa.

Para a realização de medições de altitudes de forma precisa, em aerofotos, utiliza-se um aparelho conhecido como barra de paralaxe, o qual é empregado, geralmente, com os estereoscópios de espelhos.

10.2.5 A INTERPRETAÇÃO DE IMAGENS

Para uma utilização eficaz das fotos aéreas, bem como de imagens provenientes de outros tipos de sensores, principalmente em se tratando de análises geográficas, deve-se interpretar corretamente os fenômenos nelas observados.

10 Aerofotogrametria e sensoriamento remoto

A FOTOINTERPRETAÇÃO pode ser conceituada como a técnica que realiza o estudo de imagens fotográficas visando à identificação, interpretação e obtenção de informações dos fenômenos e objetos nelas contidos.

Um estudo das características geográficas da região onde o levantamento foi realizado certamente vai agregar informações que poderiam passar desapercebidas pelo intérprete. O conhecimento prévio da vegetação predominante, do tipo climático, do relevo, dos principais tipos de cultivos, entre outros aspectos, pode salvar muitos trabalhos fadados ao fracasso.

De maneira geral, a FOTOINTERPRETAÇÃO deve considerar determinados aspectos fundamentais para uma boa análise do terreno levantado.

O primeiro e, possivelmente, um dos mais importantes aspectos para a tradução dos elementos observados, é o da utilização da ESTEREOSCOPIA, que proporciona a visão tridimensional, conforme já foi colocado anteriormente. Entretanto, outros elementos fundamentais para a caracterização da superfície terrestre, por meio do uso dos diversos sensores, devem ser apresentados.

O SOMBREAMENTO provocado pela luz solar normalmente auxilia bastante a interpretação de diversos aspectos apresentados em uma cena, inclusive na interpretação estereoscópica. Por exemplo, áreas situadas ao sul do trópico de Capricórnio terão as vertentes na direção sul sempre com sombras. Nota-se, todavia, que o sombreamento para um sensor ativo, como o Radar, depende de sua própria posição em relação ao alvo.

A TONALIDADE do alvo observado, que está relacionada com a radiação absorvida ou refletida pelo alvo, é outro elemento que deve ser destacado. Em se tratando de imagens preto e branco, ou pancromáticas, ocorre uma variação de tons de cinza a preto, quando há absorção da luz, como no caso de uma vegetação espessa, com diversos meios-tons de acordo com as diferenças de ramagem, e de cinza a branco, quando há reflexão da luz, como no caso de uma estrada, de solo exposto ou de áreas construídas. No caso de imagens multiespectrais, os tons de cinza terão interpretações diferenciadas em função de suas posições relativas na escala do espectro eletromagnético (Fig. 10.7).

Pode-se afirmar, igualmente, que a COLORAÇÃO, no caso do uso de filmes coloridos comuns ou infravermelhos, ou ainda, de imagens provenientes de sensores multiespectrais, também vai depender da composição realizada com os comprimentos de onda disponíveis.

A FORMA de um objeto observado é outro fator preponderante na correta interpretação do terreno. Elementos geométricos retangulares poderão representar, por exemplo, edificações, lavouras etc. Estradas apresentam-se como linhas, em geral, regulares e bem definidas. Já cursos d'água mostram aspectos bem menos regulares, em virtude do comportamento do modelado por onde escoam.

O TAMANHO apresentado pelo alvo também deve ser observado pelo intérprete. Essa dimensão está diretamente relacionada com a escala da imagem. Pode-se distinguir, assim, um loteamento residencial de uma área constituída por indústrias, por exemplo.

A TEXTURA, que também é função da escala da imagem, é a característica apresentada pelo agrupamento dos diferentes objetos presentes na cena, provocando uma variação de tons mais ou menos pronunciada em um reduzido espaço da cena. Normalmente, distinguem-se objetos com TEXTURAS SUAVES (um campo extenso) ou ÁSPERAS (uma floresta heterogênea) e GROSSEIRAS (um relevo extremamente movimentado) ou FINAS (uma planície). A textura pode ser, ainda, caracterizada como homogênea ou heterogênea.

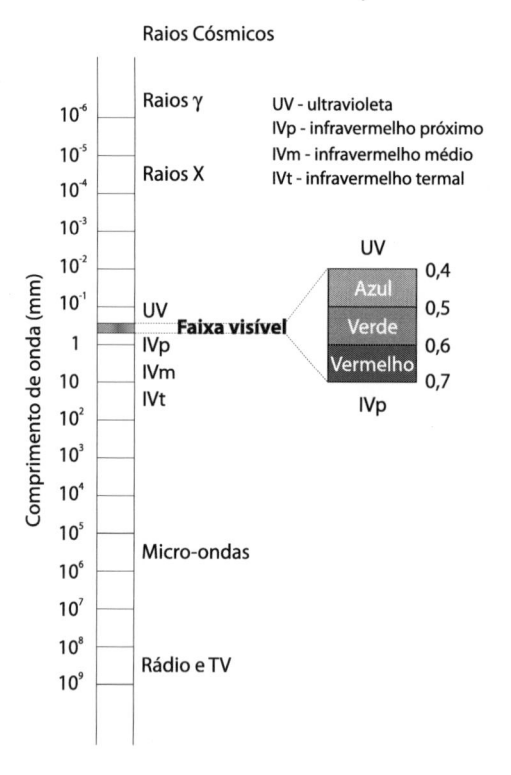

Fig. 10.7 *Espectro eletromagnético*
Fonte: adaptado de Lilesand e Kiefer, 1987 apud Eastman, 1995.

10 Aerofotogrametria e sensoriamento remoto

Uma área reflorestada, em geral, possui uma textura homogênea, diferentemente de uma área com floresta nativa, normalmente com textura bastante variável.

Outro fator é o PADRÃO de um ou de variados elementos existentes na superfície, cuja organização traduz, muitas vezes, as suas características. Um pomar apresenta características próprias, com as árvores ocupando espaçamentos constantes e bem definidos no terreno.

A LOCALIZAÇÃO dos objetos no terreno pode trazer informações elucidativas quando não se consegue identificá-lo por outros meios. Objetos com mesma tonalidade, forma, padrão e textura podem ser confundidos com outros. Áreas inundáveis devem se localizar em porções baixas e planas do terreno; montes de resíduos de pedreiras e de minas de explorações diversas devem estar nas proximidades destas, e assim por diante.

Na verdade, conforme pode ser percebido pelo leitor, a interpretação de imagens leva em consideração os diversos fatores aqui descritos de maneira concomitante. Cada característica tem a sua peculiaridade; entretanto, ela por si só não permite uma correta interpretação dos fenômenos. Se, por exemplo, numa escala 1:25.000, as tonalidades de uma lavoura qualquer e de uma área em pousio fossem idênticas, não seria possível distingui-las.

A Fig. 10.8 procura dar uma ideia bastante generalizada de como interpretar algumas das feições presentes em uma aerofoto seguindo alguns dos preceitos descritos anteriormente. As porções identificadas com o NÚMERO 1 apresentam características específicas que, em função de suas tonalidades e texturas, podem ser classificadas como áreas com solo exposto, ou em preparo para cultivo, ou áreas já cultivadas; a tonalidade cinza não possibilita uma identificação mais detalhada a respeito. As áreas com o NÚMERO 2 apresentam uma textura ligeiramente diferenciada, um pouco menos suave, sendo classificadas como campos ou áreas cultivadas; em função da tonalidade de cinza, também poderiam ser classificadas como solo exposto ou em preparo para o cultivo. O NÚMERO 3 identifica áreas com tonalidades um pouco mais escuras que as anteriores, além de uma textura muito mais rugosa, levando a concluir que se trata

Fig. 10.8 *Algumas feições apresentadas por uma aerofoto*

de porções de mata; pela localização da feição, pode-se classificá-la como mata ciliar. A interpretação da área que apresenta o NÚMERO 4, em função da textura mais áspera, do sombreamento provocado e da sua forma, identifica uma pequena porção reflorestada. Finalmente, a porção que apresenta o NÚMERO 5, em função de sua forma, tonalidade, tamanho e localização, identifica um curso d'água que atravessa a região.

Uma forma de interpretar imagens que merece destaque é a INTERPRETAÇÃO AUTOMÁTICA. Essa maneira de interpretação, de uso cada vez mais disseminado, utiliza programas computacionais para realizar algumas das tarefas do intérprete de forma automatizada.

As imagens digitais, por causa das suas características, permitem determinados recursos que as limitações do ser humano não conseguem sobrepor. Entretanto, para outras, não há computador que o substitua.

10 Aerofotogrametria e sensoriamento remoto

Em sensoriamento remoto, utilizam-se muito alguns métodos de classificação de imagens para a extração de determinados elementos, visando à elaboração de mapas temáticos, ou simplesmente para a criação de imagens virtuais da área, a fim de se realizar um posterior cruzamento das informações obtidas.

Os métodos de classificação de imagens podem ser supervisionados ou não. Na CLASSIFICAÇÃO SUPERVISIONADA são utilizados métodos como do PARALELEPÍPEDO, da DISTÂNCIA MÍNIMA e da MÁXIMA VEROSSIMILHANÇA. O método de classificação não supervisionada normalmente é realizado com o uso de CLUSTERS (ou nuvens, agrupamentos).

A Fig. 10.9 e suas decomposições apresentam uma maneira de classificar imagens automaticamente. Como exemplo, foi utilizado o classificador de máxima verossimilhança (max-ver), por meio do uso do *software* Idrisi.

Essa forma de classificação baseia-se na escolha de áreas que podem ser representativas de determinadas feições conhecidas. No caso, apresentou-se a relação dos atributos dos *pixels* da imagem com a vegetação, com áreas com solo exposto e outras.

O processo de classificação é realizado a partir da digitalização de determinados polígonos que designam porções conhecidas do terreno (Fig. 10.9B).

Após essa fase, parte-se para o relacionamento entre as feições designadas pelos polígonos e as porções por eles abarcadas em cada uma das imagens, decompostas a partir da imagem original, no sistema RGB (*red-green-blue*, ou vermelho-verde-azul), com 24 *bits*, transformada para 8 *bits*, a fim de ser trabalhada no *software* Idrisi (versão 2.0) (Fig. 10.9A). As Figs. 10.9C, 10.9F, 10.9G, 10.9H apresentam, respectivamente, a mesma imagem da Fig. 10.9A em preto-e-branco, com 8 *bits*, e a decomposição da imagem nas três bandas do visível: *red* (vermelho), *green* (verde) e *blue* (azul). Bandas são entendidas aqui como cada faixa de absorção de energia presente no espectro eletromagnético apresentado na Fig. 10.7.

O resultado da classificação por máxima verossimilhança, em cada uma das imagens derivadas, é mostrado nas Figs. 10.9D, 10.9E, 10.9I, 10.9J e 10.9K.

Cartografia Básica

Imagem original
RGB - 24 → 8 bits

Imagem com vetores
para a classificação

Imagem p&b
8 bits

Imagem classificada
máx-ver - 3 bandas

Imagem classificada
máx-ver - 1 banda (p&b)

- Solo exposto
- Campos/lavouras
- Mata ciliar
- Área reflorestada
- Curso d'água

Imagem original RGB – decomposta nas 3 bandas do visível

Red - vermelho

Green - verde

Blue - azul

Imagens classificadas por banda máx-ver - 3 bandas - vermelho-verde-azul

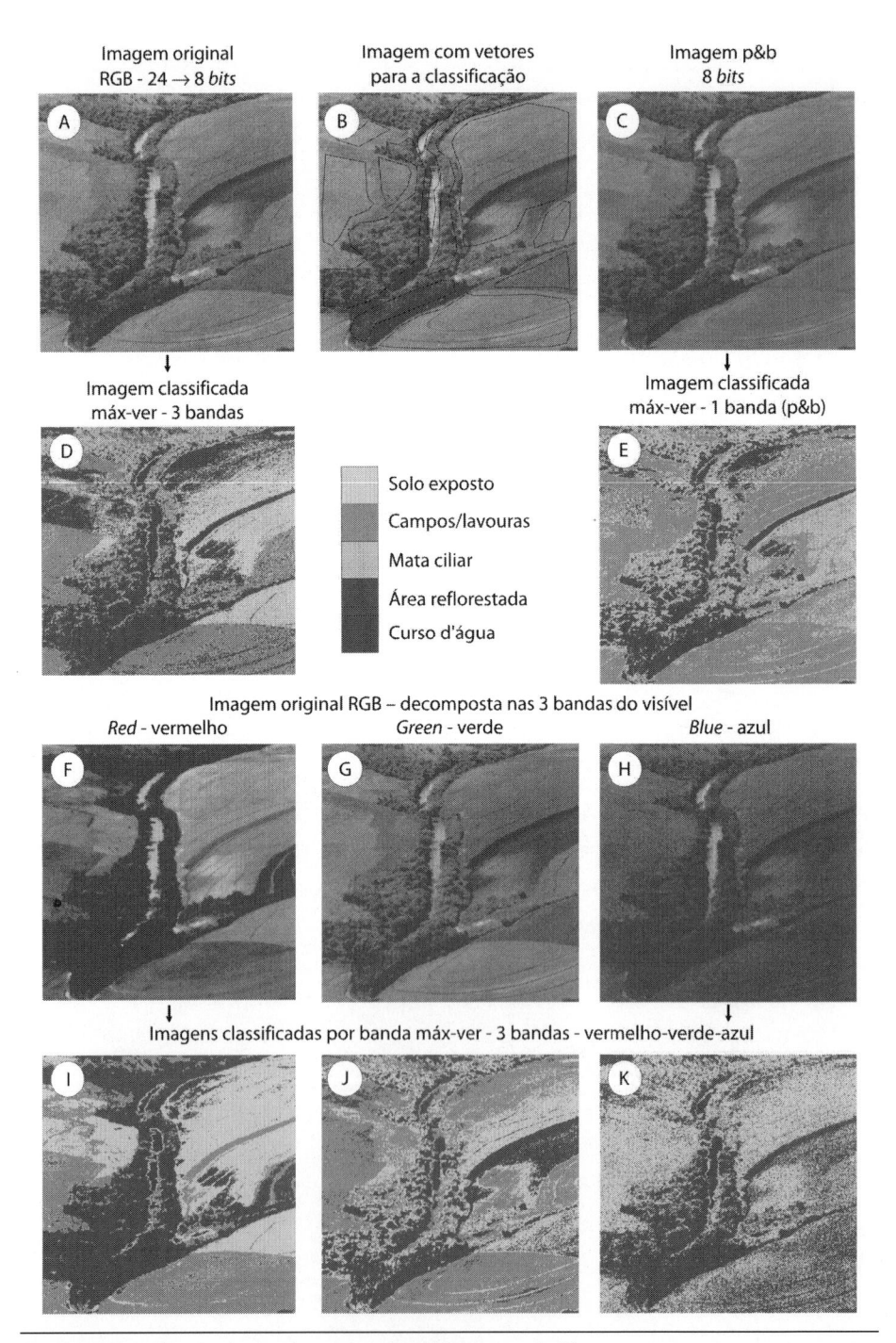

Fig. 10.9 *Classificação de uma imagem por máxima verossimilhança*

10 Aerofotogrametria e sensoriamento remoto

Com base no exposto, percebe-se que, apesar do uso de um mesmo classificador, os produtos podem diferir bastante. Assim, é aconselhável um bom planejamento antes de realizar a classificação automática de uma imagem.

Outras questões que dizem respeito às classificações de uma imagem relacionam-se às assinaturas espectrais dos alvos. Os resultados da classificação apresentada pela Fig. 10.9 já demonstram essa situação. Nota-se, por exemplo, que determinadas áreas, as quais apresentam tonalidades assemelhadas às daquelas traduzidas como cursos d'água, acabaram classificadas dessa forma, apesar de, notoriamente, em nada refletirem essa possibilidade.

Em imagens que contêm outras bandas de absorção de energia, como a faixa do infravermelho, por exemplo, pode-se extrair determinados elementos que não são visualmente percebidos e tão facilmente identificados, como no exemplo da Fig. 10.9. A título de ilustração, a Fig. 10.10 apresenta um esquema de como a energia solar é absorvida e refletida por um alvo na superfície terrestre.

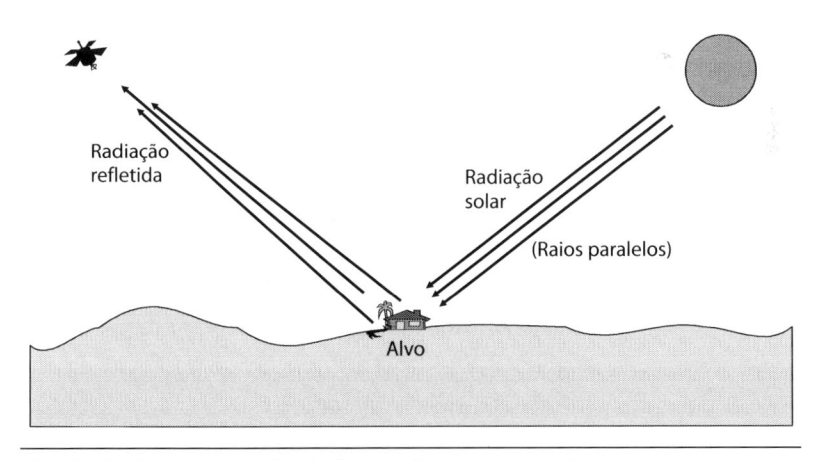

Fig. 10.10 *Esquema da reflexão da energia solar por um alvo*

11 Gráficos e Diagramas

Outra maneira, cada vez mais utilizada, de representar determinados tipos de fenômenos, dá-se por meio de diagramas e gráficos.

De uma forma um tanto ampla, pode-se pensar em um gráfico, ou diagrama – entendidos como sinônimos –, como aquela representação de um determinado fenômeno, normalmente expresso sob a forma de uma função matemática ou de dados tabulares, fazendo-se uso de um desenho.

A apresentação de dados sob a forma de diagrama apresenta algumas vantagens em relação à tabular, pois propicia uma impressão visual mais clara, rápida e abrangente dos fenômenos descritos. Entretanto, uma representação tabular sempre traz os dados exatos consigo, o que, em termos gráficos, torna-se um tanto difícil.

Assim, como no caso dos mapas, a precisão do gráfico dependerá da sua escala.

11.1 Regras para a representação gráfica

Para uma boa tradução do que se deseja representar, é necessário seguir determinadas regras básicas:

- O diagrama deve possuir um título que expresse, de forma clara e objetiva, as informações desejadas.
- Em gráficos que utilizem sistemas de coordenadas, as linhas contendo os eixos de origem devem ser destacadas em relação às demais.
- No caso de uso de legendas ou convenções, deve-se primar pela sua clareza.
- Deve-se colocar os valores da escala, as unidades de medidas, as convenções adotadas, bem como a fonte dos dados.
- Ao se utilizar sombras, hachuras ou cores, deve-se evitar possíveis ilusões de ótica ou outros efeitos desagradáveis.

○ Sempre se deve imaginar o usuário como leigo no assunto apresentado, buscando facilitar, ao máximo, o entendimento do produto final.

11.2 BASES PARA A REPRESENTAÇÃO GRÁFICA

Como já foi colocado, um gráfico ou diagrama está sempre vinculado a uma função matemática, ou a uma tabela contendo dados alfanuméricos. Neste capítulo, abordaremos tão somente a relação existente entre essas tabelas e os diagramas delas derivados.

A forma mais utilizada para o tratamento dos dados de uma tabela vincula-se às chamadas SÉRIES ESTATÍSTICAS, nas quais são analisados seus elementos constituintes. As SÉRIES ESTATÍSTICAS dividem-se em: SÉRIES TEMPORAIS ou CRONOLÓGICAS, SÉRIES GEOGRÁFICAS ou ESPACIAIS, SÉRIES ESPECIFICATIVAS ou CATEGÓRICAS e SÉRIES DE MÚLTIPLA ENTRADA ou MÚLTIPLAS.

As SÉRIES TEMPORAIS ou CRONOLÓGICAS trabalham, como elemento variável, o tempo, permanecendo como elementos fixos o local e a espécie do fenômeno. A Tab. 11.1 apresenta uma série desse tipo.

Tab. 11.1 EVOLUÇÃO DA POPULAÇÃO DE PORTO ALEGRE – 1980-2005 (ESTIMATIVA)

ANO	POPULAÇÃO
1980	1.125.477
1992	1.268.511
1995	1.283.920
2000	1.360.590
2005	1.405.811

Fonte: adaptado de Fundação de Economia e Estatística (RS). Disponível em: <http://www.fee.rs.gov.br/sitefee/pt/content/estatisticas/pg_populacao.php>.

As SÉRIES GEOGRÁFICAS ou ESPACIAIS (Tab. 11.2) apresentam o local do fenômeno como elemento variável e, como elementos fixos, o tempo e a espécie do fenômeno.

No caso das SÉRIES ESPECIFICATIVAS ou CATEGÓRICAS (Tab. 11.3), vê-se que o local do fenômeno e o tempo não variam. As variações manifestam-se na espécie ou categoria dos fenômenos descritos nelas.

Tab. 11.2 Municípios do Rio Grande do Sul com população maior do que 200.000 habitantes – 2005 (estimativa)

Município	População total
Alvorada	207.829
São Leopoldo	211.231
Novo Hamburgo	252.745
Viamão	254.503
Santa Maria	256.209
Gravataí	257.243
Canoas	329.769
Pelotas	331.638
Caxias do Sul	405.618
Porto Alegre	1.405.811

Fonte: adaptado de Fundação de Economia e Estatística (RS). Disponível em: <http://www.fee.rs.gov.br/sitefee/pt/content/estatisticas/pg_populacao.php>.

Tab. 11.3 Movimento operacional acumulado no Aeroporto Salgado Filho (2004)

Tipo de voo	Passageiros embarcados
Doméstico	2.950.906
Internacional	264.639
Total de Passageiros	3.215.545

Fonte: <www.infraero.gov.br>.

Finalmente, quando ocorre uma combinação dos elementos de diferentes séries, temos as SÉRIES DE MÚLTIPLA ENTRADA ou MÚLTIPLAS. A Tab. 11.4, que apresenta o número de bolsas concedidas pelo CNPq no decorrer de quatro anos, com relação ao seu destino, descreve esse tipo de série.

Tab. 11.4 Número de bolsas/ano - país e exterior concedidas pelo CNPq (1994-1997)

Destino/ano	1994	1995	1996	1997
País	42.002	49.909	49.313	48.211
Exterior	2.418	2.132	1.657	1.110
Total	44.420	52.041	50.970	49.321

Fonte: adaptado de <www.mct.gov.br>; <www.cnpq.br>.

11.3 O uso adequado de gráficos e diagramas

A utilização do gráfico adequado ao tipo de tabela apresentado é de suma importância para a clareza dos produtos a serem obtidos.

Nunca é demais se precaver de quaisquer riscos que, porventura, possam vir a ser cometidos em virtude do uso inadequado de um ou outro diagrama, em detrimento de uma melhor solução.

11.3.1 Diagramas lineares ou gráficos em curva

Para séries TEMPORAIS ou CRONOLÓGICAS, deve-se utilizar, preferencialmente, os DIAGRAMAS LINEARES ou GRÁFICOS EM CURVA, por causa da noção de continuidade proporcionada por essa forma de representação.

Esse tipo de solução gráfica baseia-se na utilização de um sistema de coordenadas cartesianas f(x, y), em que, em geral, os elementos relacionados à temporalidade da série são representados no eixo "x".

Os dados cronológicos sempre devem seguir um distanciamento homogêneo, ou seja, os espaçamentos entre eles sempre deverão ser equivalentes às unidades representadas.

A Fig. 11.1 mostra a representação gráfica da Tab. 11.1, importada de um conhecido aplicativo computacional, de uso corrente do público em geral. Deve-se ter muito cuidado com o uso direto de ferramentas como essa, pois se pode incorrer, além dos problemas de visualização, em erros que podem passar, muitas vezes, despercebidos, como neste caso.

Alguns dos problemas oriundos podem ser solucionados no próprio programa. Entretanto, o que se tem notado, principalmente em trabalhos acadêmicos, é uma superestimação do poder da máquina. Não é raro ouvir afirmações no sentido de que, sendo um resultado gráfico gerado no computador, este não é passível de falhas.

Uma primeira observação a ser feita diz respeito à questão da crono-

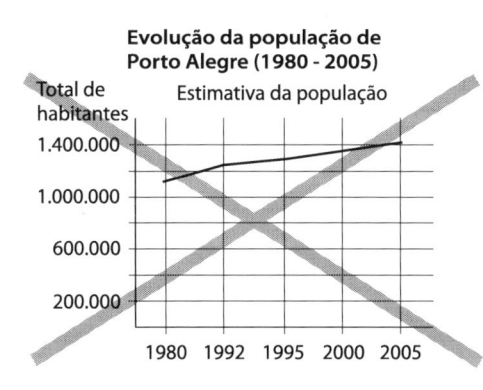

Fig. 11.1 *Gráfico em curvas: evolução da população de Porto Alegre entre os anos de 1980 e 2005 Fonte: adaptado de Fundação de Economia e Estatística (RS). Disponível em: <http://www.fee.rs.gov.br/sitefee/pt/content/estatisticas/pg_populacao.php>.*

logia apresentada. O leitor mais atento, seguramente, verificou que, apesar de se tratar de períodos diferenciados, os intervalos entre os anos descritos permaneceram constantes, ora comprimindo a curva representativa, ora esticando-a.

Outra característica do gráfico apresentado pela Fig. 11.1 mostra que a população de Porto Alegre, nos anos considerados, sempre esteve entre os valores de 1.000.000 e 1.400.000. Nesse sentido, a fim de proporcionar uma estética mais agradável, pode-se interromper a linha correspondente à escala vertical, desde que indicada essa interrupção, centralizando mais o desenho da curva correspondente aos valores tabulados. Evita-se, assim, o deslocamento exagerado do gráfico com relação ao eixo horizontal.

A Fig. 11.2 apresenta a correta solução para os mesmos valores apresentados pela Tab. 11.1.

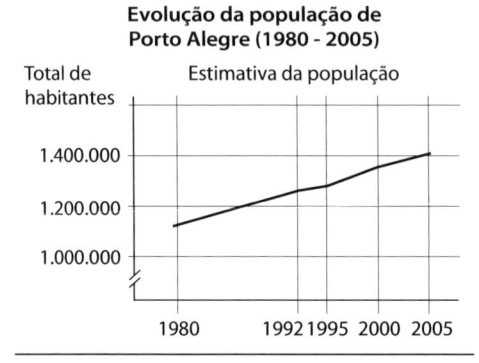

Fig. 11.2 *Gráfico em curvas: evolução da população de Porto Alegre entre os anos de 1980 e 2005 Fonte: adaptado de Fundação de Economia e Estatística (RS). Disponível em: <http://www.fee.rs.gov.br/sitefee/pt/content/estatisticas/pg_populacao.php>.*

11.3.2 GRÁFICOS EM BARRAS OU COLUNAS

De maneira geral, utilizam-se GRÁFICOS EM BARRAS ou COLUNAS quando se quer representar séries do tipo especificativas e/ou geográficas.

Para um bom entendimento desse tipo de diagrama, deve-se:
- estabelecer uma ordenação crescente ou decrescente para os elementos da série e representá-los nessa ordem;
- estruturar o gráfico de tal forma que a base de cada barra ou coluna seja igual e agradável visualmente;
- estruturar o gráfico de modo que as bases sejam espaçadas igualmente entre si, com intervalos entre um terço ou metade do tamanho de cada barra ou coluna;
- estruturar o gráfico de tal forma que a altura de cada barra ou coluna seja igual aos valores apresentados pelos dados da série;
- enquadrar o gráfico, para que este ocupe uma área da página a ser visualizada, sem exageros nem minimizações;

- representar somente os elementos indispensáveis, para uma boa compreensão do que se deseja apresentar;
- no caso de uso de legendas ou convenções, apresentá-las de forma clara e elucidativa.

Como exemplo dessa solução, utilizaram-se, na Fig. 11.3, os dados da Tab. 11.2.

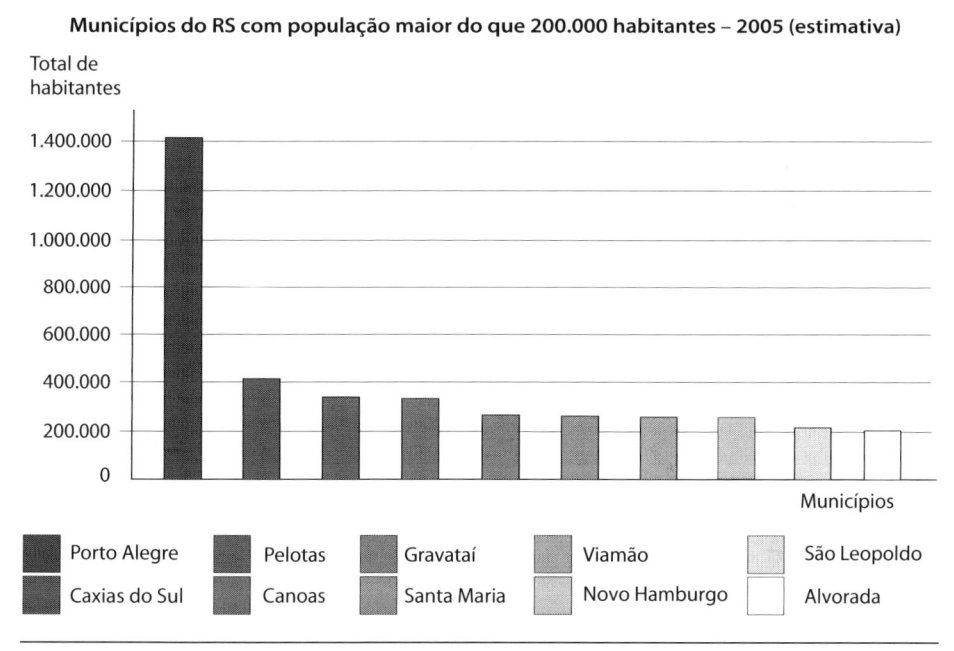

Fig. 11.3 *Gráfico em barras: municípios do RS com mais de 200.000 habitantes*
Fonte: adaptado de Fundação de Economia e Estatística (RS). Disponível em: <http://www.fee.rs.gov.br/sitefee/pt/content/estatisticas/pg_populacao.php>.

11.3.3 GRÁFICOS EM SETORES

Os GRÁFICOS EM SETORES – também conhecidos pelo usuário menos informado no assunto como gráficos "em pizza" ou "em torta", em razão da setorização de seus elementos, feita de forma semelhante às fatias de tais guloseimas – são empregados tanto em SÉRIES GEOGRÁFICAS como em SÉRIES ESPECIFICATIVAS.

A utilização dessa solução gráfica mostra-se adequada quando se possui uma tabela com poucos dados, ou seja, com até seis elementos.

Para a construção de gráficos de setores, deve-se seguir os seguintes passos:

- transformar os valores dos dados da tabela em valores angulares, estabelecendo-se que a soma dos valores deva equivaler a 360° (o comprimento total do círculo);
- arredondar a fração de cada um dos ângulos obtidos;
- estabelecer o raio do círculo que servirá como base para o diagrama;
- marcar, ao longo da borda do círculo, cada um dos valores dos ângulos obtidos (que correspondem aos valores iniciais da tabela original);
- estabelecer uma legenda para o produto final.

A Tab. 11.5 apresenta as transformações necessárias para a confecção do gráfico em setores, conforme os passos acima, tendo como base a Tab. 11.3.

Tab. 11.5 Movimento operacional acumulado no Aeroporto Salgado Filho – 2004

Tipo de voo	Passageiros	Pass. (%)	Pass. (Graus)
Doméstico	2.950.906	91,77%	330,27° (≅ 330°)
Internacional	264.639	8,23%	29,63° (≅ 30°)
Total de passageiros	3.215.545	100%	360°

Fonte: <www.infraero.gov.br>.

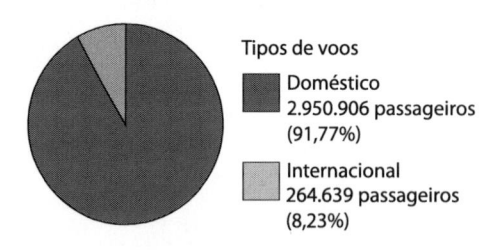

Fig. 11.4 Gráfico em setores: movimento operacional acumulado no Aeroporto Salgado Filho
Fonte: <www.infraero.gov.br>.

Com base nos novos dados obtidos pela transformação dos valores totais em percentuais e em porções angulares é que se vai construir o diagrama desejado (Fig. 11.4).

No exemplo citado, os valores angulares obtidos foram arredondados pela regra do "PAR MAIS PRÓXIMO", ou seja, quando os valores da porção decimal forem maiores do que cinco, adiciona-se uma unidade à parte inteira; quando forem inferiores, mantém-se a parte inteira; finalmente, se a primeira casa da porção decimal for igual a cinco e o algarismo anterior for par, mantém-se esse algarismo; caso ele seja ímpar, adiciona-se uma unidade.

11.3.4 Gráficos direcionais

Os diagramas ou gráficos direcionais devem ser utilizados quando se deseja estabelecer um direcionamento das informações. Essa forma de representação gráfica pode se dar na direção dos pontos cardeais, em se tratando do direcionamento do vento, por exemplo, ou em qualquer direção, desde que se parta de uma concentração contida no centro de uma circunferência, ou da sua extremidade, o que configuraria o ponto de origem dos valores.

A Fig. 11.5, baseada na Tab. 11.6, procura exemplificar esse tipo de diagrama. Nela é apresentado um gráfico contendo um círculo, no qual são dispostos os meses do ano com os raios representando os valores médios das precipitações ao longo dos meses.

11.3.5 Gráficos piramidais

Quando se deseja estabelecer comparações simultâneas entre os elementos de uma mesma estrutura, pode-se também utilizar os GRÁFICOS ou DIAGRAMAS PIRAMIDAIS.

Normal da precipitação no município de Bagé (RS) – 1945-1974

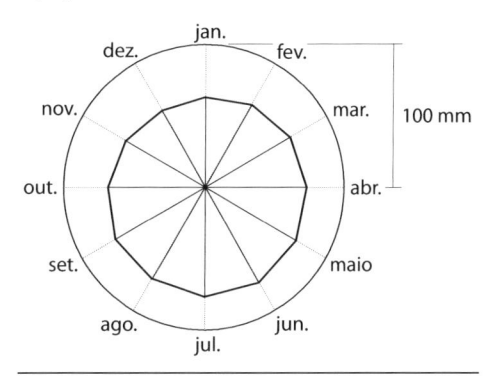

Fig. 11.5 *Gráfico direcional: normal da precipitação do município de Bagé*
Fonte: Ipagro (RS), 1989.

Tab. 11.6 Normal de precipitação no município de Bagé – 1945-1974

Mês	Precipitação (mm)
Janeiro	63,0
Fevereiro	67,0
Março	70,0
Abril	72,0
Maio	75,0
Junho	77,0
Julho	77,0
Agosto	74,0
Setembro	73,0
Outubro	69,0
Novembro	65,0
Dezembro	62,0

Fonte: Ipagro (RS), 1989.

Tab. 11.7 Produto Interno Bruto (PIBcf) do RS a preços correntes, por setores de atividades – 1995

Setores de atividades	PIBcf (%)
Agropecuária	10,57
Indústria	35,14
Serviços	54,29

Fonte: adaptado de FEE, 1996 apud Secretaria da Coordenação e Planejamento (RS), 1998.

Produto Interno Bruto do RS a preços concorrentes, por setores de atividades – 1996

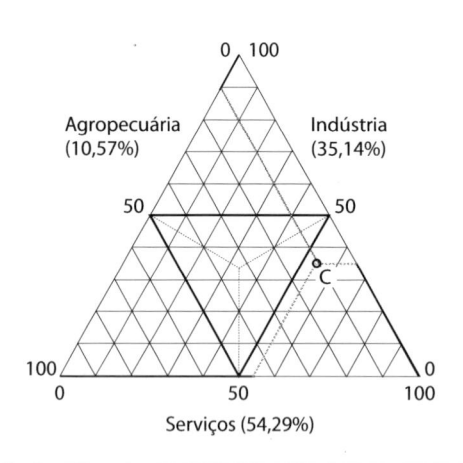

Fig. 11.6 *Gráfico piramidal: distribuição do PIB a preços concorrentes, por setores de atividades no Rio Grande do Sul, em 1996*
Fonte: adaptado de FEE, 1996 apud Menegat et al., 1998.

Essa forma de representação gráfica é interessante para análises da estrutura de uma população, dos setores da economia, ou quaisquer outros elementos e situações que utilizem três variáveis em três eixos tidos como base, cujo somatório atinja 100%. Para sua construção, será utilizada, como exemplo, a Tab. 11.7.

O GRÁFICO PIRAMIDAL a ser adotado apresenta a forma de um triângulo equilátero contendo dez divisões de forma triangular em cada um de seus lados, que deverão preencher, posteriormente, a figura. A orientação, bem como a designação dos eixos, é aleatória, devendo, entretanto, seguir uma ordenação crescente em um só sentido, partindo de um vértice qualquer até voltar ao ponto de origem. Os triângulos internos servem de referência para o transporte dos valores a serem mensurados nos eixos (lados do triângulo), conforme pode ser observado na Fig. 11.6.

No gráfico apresentado pela Fig. 11.6, do Produto Interno Bruto (PIBcf) a Preços Concorrentes, por setores de atividades, pode-se verificar que há uma concentração, indicada pela letra "C", nas atividades do setor de serviços.

11.3.6 Diagrama climático

Uma forma de representação que trabalha com duas variáveis, simultaneamente, bastante utilizada em estudos de caráter geográfico, é por meio de DIAGRAMAS CLIMÁTICOS ou CLIMOGRAMAS.

11 Gráficos e diagramas

Esse tipo de gráfico apresenta, ao mesmo tempo, duas variáveis: as temperaturas e as precipitações mensais de uma determinada região, permitindo uma visualização geral de suas características climáticas.

A construção dessa forma de representação é feita por meio do transporte dos valores de uma tabela que contenha as normais de precipitação e de temperaturas médias correspondentes a uma determinada região.

O diagrama a ser construído deve procurar manter uma relação entre as variáveis, dadas pela seguinte forma (Gaussen apud Viers, 1975):

$P < 2T$

em que:

P – precipitação, em mm
T – temperatura, em °C

A Tab. 11.8 apresenta esses dados relativos ao município de Bagé, no Estado do Rio Grande do Sul. O gráfico correspondente está desenhado na Fig. 11.7.

Tab. 11.8 Normal da precipitação e da temperatura média no município de Bagé, Rio Grande do Sul (1945-1974)

Mês	Temperatura (°C)	Precipitação (mm)
Janeiro	24,0	63,0
Fevereiro	23,7	67,0
Março	21,7	70,0
Abril	17,9	72,0
Maio	15,1	75,0
Junho	12,7	77,0
Julho	12,4	77,0
Agosto	13,2	74,0
Setembro	15,3	73,0
Outubro	17,2	69,0
Novembro	20,5	65,0
Dezembro	22,9	62,0

Fonte: Ipagro (RS), 1989.

11.3.7 Pirâmide etária

Essa forma de representação gráfica procura detalhar a estrutura constituinte de uma população. Trata-se de um diagrama de dupla entrada, em que cada porção representa a quantidade de população, por sexo e por faixa de idades.

As pirâmides etárias fornecem dados bastante interessantes para análises populacionais. Além de traduzir graficamente a distribuição de

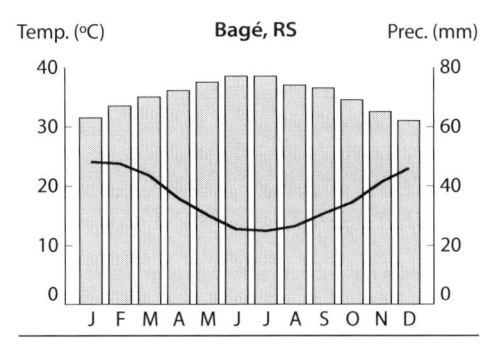

Fig. 11.7 *Diagrama climático de Bagé, RS*
Fonte: Ipagro (RS), 1989.

uma dada população por sexo e idade, pode traduzir indicadores quanto à qualidade de vida. O eixo horizontal de uma pirâmide etária representa a quantidade da população, em termos absolutos ou proporcionais. O lado direito do eixo é destinado à população de mulheres e o esquerdo, de homens. O eixo vertical descreve as faixas etárias.

A construção de pirâmides etárias segue os seguintes procedimentos:
- distribuir os valores tabelados em faixas de idades predeterminadas. Em geral, essa distribuição é de cinco em cinco anos, para facilitar as análises das segmentações possíveis, como, por exemplo, populações jovem, adulta e idosa;
- verificar os maiores valores tabelados, a fim de ser estabelecida uma escala compatível a esses valores;
- estabelecer a escala dos eixos de coordenadas horizontal (população masculina e feminina) e vertical (faixas etárias);
- distribuir os dados a partir dos eixos de referência semelhantemente aos gráficos em barra.

A Tab. 11.9 apresenta a distribuição da população brasileira por sexo, de acordo com os dados do censo 2000. A Fig. 11.8 apresenta a pirâmide etária construída com base nos dados tabelados, em que os valores referentes às faixas de população acima de 90 anos de idade foram acumulados em uma única classe. Dessa maneira, a população brasileira contava com 94.761 homens e 166.439 mulheres acima de 90 anos de idade no ano 2000.

Tab. 11.9 Distribuição da população brasileira por sexo (censo 2000)

Faixa	Total	Homens	Mulheres
0 a 4 anos	16.375.728	8.326.926	8.048.802
5 a 9 anos	16.542.327	8.402.353	8.139.974
10 a 14 anos	17.348.067	8.777.639	8.570.428
15 a 19 anos	17.939.815	9.019.130	8.920.685
20 a 24 anos	16.141.515	8.048.218	8.093.297
25 a 29 anos	13.849.665	6.814.328	7.035.337
30 a 34 anos	13.028.944	6.363.983	6.664.961

11 Gráficos e diagramas

Tab. 11.9 Distribuição da população brasileira por sexo (censo 2000) (Continuação)

Faixa	Total	Homens	Mulheres
35 a 39 anos	12.261.529	5.955.875	6.305.654
40 a 44 anos	10.546.694	5.116.439	5.430.255
45 a 49 anos	8.721.541	4.216.418	4.505.123
50 a 54 anos	7.062.601	3.415.678	3.646.923
55 a 59 anos	5.444.715	2.585.244	2.859.471
60 a 64 anos	4.600.929	2.153.209	2.447.720
65 a 69 anos	3.581.106	1.639.325	1.941.781
70 a 74 anos	2.742.302	1.229.329	1.512.973
75 a 79 anos	1.779.587	780.571	999.016
80 a 84 anos	1.036.034	428.501	607.533
85 a 89 anos	534.871	208.088	326.783
90 a 94 anos	180.426	65.117	115.309
95 a 99 anos	56.198	19.221	36.977
100 anos ou mais	24.576	10.423	14.153

Fonte: IBGE. Disponível em: <http://www.ibge.gov.br/home/estatistica/populacao/default-tab_amostra.shtm>.

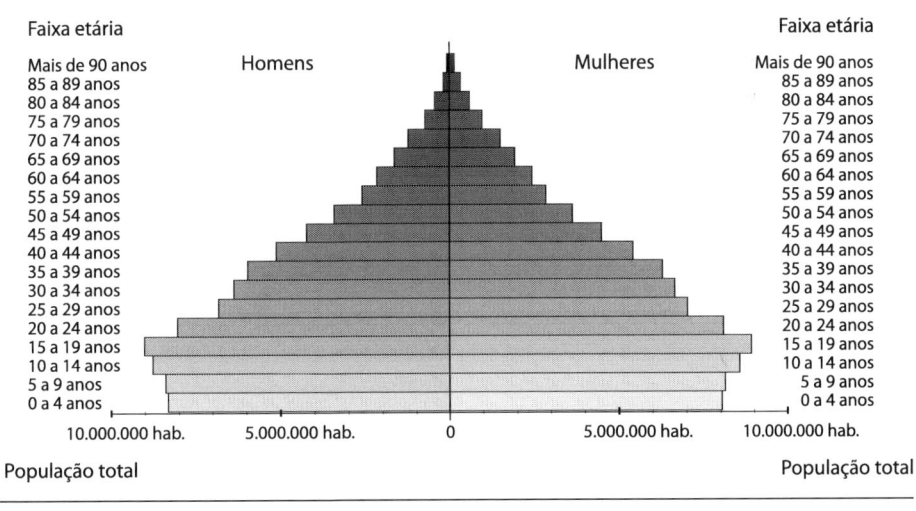

Fig. 11.8 *Pirâmide etária do Brasil – 2000*
Fonte: IBGE. Disponível em: <http://www.ibge.gov.br/home/estatistica/populacao/defaulttab_amostra.shtm>.

Bibliografia

ASSAD, E. D.; SANO, E. E. *Sistemas de Informações Geográficas*: aplicações na agricultura. 2. ed. Brasília: Embrapa, 1996.

BURROUGH, P. *Principles of Geografical Information Systems for land resources assessment*. New York: Oxford University Press, 1989.

BURROUGH, P.; McDONNELL, R. *Principles of Geografical Information Systems*. New York: Oxford University Press, 1998.

BUZAI, G. D. *Geografia Global*. Buenos Aires: Lugar, 1999.

BUZAI, G. D.; DURÁN, D. *Enseñar e investigar com sistemas de información geográfica*. Buenos Aires: Editorial, 1997.

COMAS, D.; RUIZ, E. *Fundamentos de los Sistemas de Información Geográfica*. Barcelona: Ariel Geografia, 1993.

CRÓSTA, A. P. *Processamento digital de imagens de sensoriamento remoto*. Campinas: Unicamp, 1992.

DUARTE, P. A. *Cartografia temática*. Florianópolis: UFSC, 1991.

DUARTE, P. A. *Fundamentos de cartografia*. Florianópolis: UFSC, 1994.

EASTMAN, J. R. *Idrisi for windows version 2.0* - user's guide. Worcester: Clark University Graduate School of Geography, January, 1995.

FITZ, P. R.; GAUSMANN, E. *Cartas topográficas: orientações de uso*. Porto Alegre: Emater/RS, 1999.

INSTITUTO BRASILEIRO DE GEOGRAFIA E ESTATÍSTICA. *Manual de atualização cartográfica*. Rio de Janeiro: IBGE, 1985.

INSTITUTO BRASILEIRO DE GEOGRAFIA E ESTATÍSTICA. *Manual de normas, especificações e procedimentos técnicos para a Carta Internacional ao Mundo*. Rio de Janeiro: IBGE, 1993.

JOLY, F. *A Cartografia*. Campinas: Papirus, 1990.

LEÃO NETO, P. *Sistemas de Informação Geográfica*. 2. ed. Lisboa: Editora de Informática, 1998.

LIMA, M. I. C. *Introdução à interpretação radargeológica*. Manuais Técnicos em Geociências, n. 3. Rio de Janeiro: IBGE, 1995.

LOCH, C. *Monitoramento global integrado de propriedades rurais (a nível municipal, utilizando técnicas de Sensoriamento Remoto)*. Florianópolis: UFSC, 1990.

LOCH, C. A interpreação de imagens aéreas. 3. ed. Florianópolis: UFSC, 1993.

LOCH, C.; LAPOLI, E. M. Elementos básicos da fotogrametria e sua utilização prática. 3. ed. Florianópolis: UFSC, 1994.

MENEGAT, R. et al. (Coords.) Atlas ambiental de Porto Alegre. Porto Alegre: UFRGS, 1998.

OLIVEIRA, C. de Dicionário cartográfico. 3. ed. Rio de Janeiro: IBGE, 1987.

OLIVEIRA, C. de. Curso de cartografia moderna. 2. ed. Rio de Janeiro: IBGE, 1993.

RICCI, M.; PETRI, S. Princípios de aerofotografia e interpretação geológica. Florianópolis: UFSC, 1998.

RICHARDS, J. A. Remote Sensing Digital Image Analysis – an introduciton. Heidelberg: Springer-Verlag, 1986.

INSTITUTO DE PESQUISAS AGRONÔMICAS (Ipagro). Atlas agroclimático do Estado do Rio Grande do Sul. v. 3. Porto Alegre: Ipagro, 1989.

SECRETARIA DA COORDENAÇÃO E PLANEJAMENTO. Atlas socioeconômico do Estado do Rio Grande do Sul. Porto Alegre: SCP, 1998.

SENE, E. de; MOREIRA, J. C. Geografia geral e do Brasil: espaço geográfico e globalização. São Paulo: Scipione, 1998.

STRAHLER, A. N.; STRAHLER, A. H. Geografia física. 3. ed. Barcelona: Omega, 1994.

VIERS, G. Climatologia. Barcelona: Oikos-tau, 1975.

<www.cnpq.br>. Acesso em: 30 mar. 1998.

<http://www.fee.rs.gov.br/sitefee/pt/content/estatisticas/pg_populacao.php>. Acesso em: 4 abr. 2008.

<http://www.ibge.gov.br/home/estatistica/populacao/defaulttab_amostra.shtm>. Acesso em: 4 abr. 2008.

<www.infraero.gov.br>. Acesso em: 4 abr. 2008.

<www.inpe.br>. Acesso em: 18 jan. 2005.

<www.mct.gov.br>. Acesso em: 30 mar. 1998.

<www.nasa.gov>. Acesso em: 18 jan. 2005.